水害（浸水被害）は
どこで発生するのか、
どうすればよいか

鈴木誠一郎

東京図書出版

はじめに

最近は河川の整備がすすめられたこともあって、過去に大きな被害のあった利根川や信濃川などの大河川の下流域では、浸水被害（高潮を除く）がみられなくなっている。その一方で、大河川に流れ込む支川や独立の中小河川における浸水被害は、必ずしも減少しているとはいえない。

雨の降り方についても、最も警戒されてきた台風に加えて集中豪雨が注目されるようになってきており、雨の強度はもとより雨域の狭さからも大河川の支川や中小河川の危険度が指摘される。

気象観測の技術も向上し、衛星画像やレーダーによる解析などによって、雨の降り方の構造が明らかになってきており、集中豪雨をもたらす線状降水帯に注目が集まっている。台風の雨についてもその構造が明らかになってきていて、アイウォールやスパイラルバンド、アウターバンドなど、線状降水帯と同じような積乱雲群によって豪雨域が形成されていることが知られている。

浸水被害の比重が大河川の下流域から支川や中小河川に移行するにつれて、被害地域も従来の自然堤防帯から中流域の盆地や狭窄部、あるいは台地を刻む谷などでの被害が注目されるようになってきた。盆地の下流や台地の谷は水害の常襲地として知られてきたが、市街地の拡大圧力と河川の整備による水害頻度の減少に伴って、宅地化等がすすんだこともその一因になっている。

もとより自然堤防帯での被害がなくなったわけではない。大河川の氾濫等はないものの、これに流入する支川の氾濫等は今日でも頻繁に発生している。支川や中小河川の整備に加えて、水害が起きやすい土地の利用を制限するなど、土地利用についても再検討する必要性があるといえる。

整備がすすんだ大河川に流入する支川の流域では、別の問題も生じている。高い堤防の整備によって、逆流した水が支川の堤防を決壊させ甚大な被害を生じさせている。逆流防止のための水門を設けても、水門を閉めれば排水が不能になり、内水による湛水時間が長期にわたるなどの問題もある。

この小論は、以上のような水害、とりわけ浸水被害を巡る環境の変化に着目し、その被害の軽減のあり方を検討したものである。筆者自身は都市計画や地域開発に関わってきたものの、河川はもとより気象や地形については素人に過ぎない。都市計画についても民間企業の一員としてであり、直接的に都市計画や土地利用計画に携わった機会は少ない。とはいえ、高度成長期の真っ只中に都市計画を志した者として、土地利用の観点からだけでも水害問題に有効な行動をとれなかったことに忸怩たる思いがある。不勉強をさらしつつ、自戒の念を込めて、本書を出版することにした。専門家各位のご批判はもとより市民各位のご意見を頂き、議論が深まることで浸水被害の軽減に役立つことができれば幸いである。

目　次

はじめに ……………………………… 1

Ⅰ. 浸水被害はどんなところで発生してきたか …………… 5
1. 河川種類別にみた浸水被害発生状況 …………… 5
2. 一級河川における浸水被害発生状況 …………… 7
3. 浸水被害が多発する場所の地形条件 …………… 12

Ⅱ. 雨の降り方は浸水被害にどう影響するか …………… 22
1. 線状降水帯の雨 …………… 22
2. 台風の雨 …………… 33
3. 集中豪雨型台風 …………… 38
4. 停滞型台風（昭和51年台風17号） …………… 42
⑴ 中四国の状況 …………… 43
⑵ 岐阜の状況 …………… 54
⑶ まとめ …………… 61

Ⅲ. 浸水被害はどのように起き、どう対処すべきなのか …………… 63
1. 集中豪雨 …………… 63
⑴ 集中豪雨の名称 …………… 63
⑵ 諫早豪雨、長崎大水害 …………… 63
2. 自然堤防帯の浸水被害 …………… 65
⑴ はじめに …………… 65
⑵ 利根川水系鬼怒川：常総市（平成27年９月関東・東北豪雨） …………… 65

⑶ 高梁川水系小田川：倉敷市真備町（平成30年７月西日本豪雨） 76
⑷ 信濃川水系五十嵐川、刈谷田川 82
3．市街地の浸水被害 83
⑴ はじめに 83
⑵ 東京区部にみる浸水被害の変遷 83
⑶ 台地を刻む河川における浸水被害 89
⑷ 台地面における浸水被害 99
⑸ 地下空間の被害 109
4．むすび ── 浸水被害をなくすために 117
⑴ 土地利用面での対応 117
⑵ 遊水地について 119

あとがき 120

Ⅰ．浸水被害はどんなところで発生してきたか

1．河川種類別にみた浸水被害発生状況

水害、とくに浸水被害がどのような場所（河川）で発生しているのかを考察するために、水害統計に基づいて、統計がとれる昭和42年から平成29年の期間について、一級、二級、その他の河川別に、浸水被害の状況をみると図1のグラフのようになる。

ここにみるように、浸水被害（河川堤防の破堤、有堤部溢水、洗掘・流亡による被害）は、一級（本川）2.6%、二級13.1%、その他（一級の支川を含む）84.3%となっており、一級（本川）の比率が低いことがわかる。

河川総数に対して一級河川の数が少ないことから、比率が低くなるのは当然ともいえる（ただし総延長は長い）が、一級河川ではその重要性から整備の水準が高く、河川整備がすすんでいること、近年話題になることが多い集中豪雨は、降雨域が局地的であるため、大河川よりも中小河川の方が影響を受けやすいことなども、二級河川やその他の河川の占める割合が高くなっている要因と思われる。

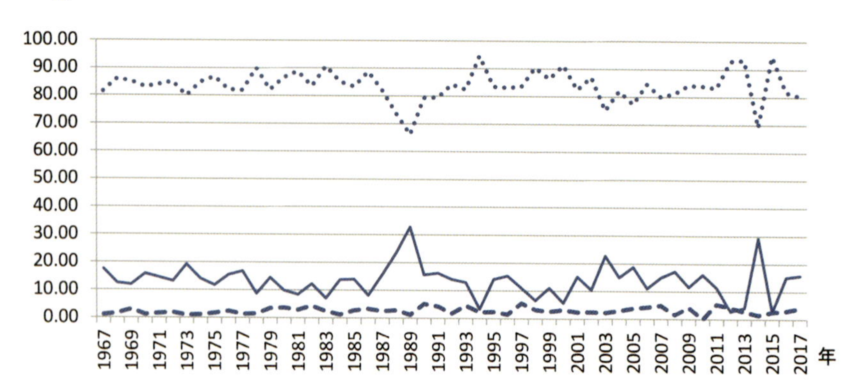

図１　河川種類別浸水被害発生件数比率（1967〜2017年）
〜河川堤防の破堤、有堤部溢水、洗掘・流亡による被害〜

注：水害統計の「河川・海岸等名」欄の「地区」は含まず。

資料：建設省、国土交通省「水害統計」

２．一級河川における浸水被害発生状況

さらに、一級河川における浸水被害の状況をみるために、線状降水帯の広がりを考慮して、流域を上流からほぼ3,000 km^{2}の流域に区分し(上流からⅠ～Ⅴ)、この流域面積区分ごとの浸水被害の発生状況をみると、表１のとおりである。

流域面積が12,000 km^{2}を超える河川は利根川と石狩川であるが、このうち利根川では平成27年の台風18号の影響で、最下流（Ⅴ区分）に位置する神栖市で有堤部の溢水による被害が出ている。この時の水害面積は「宅地その他」2,500 m^2、被災棟数は床上３棟・床下７棟・計10棟であり、有堤部の溢水としては規模の小さい被害で済んでいる。ところで、この被災地は利根川左岸の河口近くの波崎であり、波崎漁港の河川港の部分に当たっているため、河川整備計画では堤防整備が予定されていない。重要水防箇所一覧でみると、当該地は「とくに堤防が低い」となっていて、このとくに低い堤防を溢水して、浸水被害が生じたものと思われる。

被害が生じた時期（９月９～14日）の利根川の水位をみると、この期間の最高水位は対岸の銚子で2.05 m（11日３時）となっていて、この頃に波崎で溢水が起きたものと考えられる。

一方、上流の大田新田（河口から16.5 km）では2.79 m（11日３～４時)、河口堰上流の一之分目（河口から31.2 km）で3.61 m（11日４～６時）となっていて、これらの水位は堤防高の50～60％程度であり、波崎でもこの程度の堤防が整備されていれば溢水はなかったと考えられる。

Ⅳ区分の被害は昭和47、56年、平成10、13、19年に生じているが、これらの被害は、流域の田中、菅生、稲戸井調節池に洪水流が流入したものと考えられる。

利根川のこの２つの事例は、通常の溢水被害とは趣を異にしており、特別な事例といえよう。

石狩川では、昭和50年にⅣ区分の美唄市、北村、月形村で、56年に

はＶ区分の江別市とⅣ区分の北村で被害をみているが、その後も河川整備がすすめられ、本川での浸水被害はみられなくなっている。北海道では石狩川以外でも捷水路などによる河川整備がすすめられ、十勝川でも下流域の水害は近年発生していない。

利根川と石狩川については、ⅢやⅡ区分のエリアではこの間被害がみられなかったことも注目される。

流域面積が9,000～12,000 km^{2}の河川は信濃川と北上川および十勝川があるが、下流のⅣ区分についてみると（十勝川は流域面積が9,000 km^{2}をわずかに超えるだけなので除外）、信濃川では昭和56、57年に長岡市と寺泊町で被害をみた。ただ、その被害はそれぞれ宅地0.1 ha、農地22.0 ha の被害であり、溢水による被害としてはかなり軽微なものであった。

北上川では昭和54年に中田町、桃生町、津山町で、また56年には登米町で被害があった。ただ、この２河川についても、昭和56、57年以降は被害は発生していない。

このように大河川とくに下流域では、破堤や溢水による浸水被害がほとんど無くなっており、河川整備の効果が表れているといえる。

その一方、Ⅲ区分以下の流域では、流域面積6,000～9,000 km^{2}の河川を含めて、被害がその後も発生している。とくにⅢやⅡ区分では常習的な被災地がみられることが特徴である。

表１　流域面積区分別・年別浸水被害発生箇所（流域面積3,000 km^{2}以上の河川、かつ3,000 km^{2}以上の流域）

河川名（km^2）	年	Ｖ（～12,000）	Ⅳ（12,000～9,000）	Ⅲ（9,000～6,000）	Ⅱ（6,000～3,000）
利根川（16,840）	47		取手市、守谷市		
	56		柏市		
	10		柏市、我孫子市、水海道市		
	13		守谷市		
	19		常総市		
	27	神栖市			

石狩川 (14,330)	50		美唄市、北村、月形村		
	56	江別市	北村		
信濃川 (11,900)	44			飯山市	
	56		長岡市		
	57		寺泊町[2]	津南町[2]、小千谷市[2]、他1[2]	中野市[1]、豊田村[2]
	58			湯沢温泉村	須坂市
	61				小布施町
北上川 (10,150)	47				柴波町
	54		中田町、桃生町、津山町	前沢町	花巻市
	56		登米町[2]		花巻市[1]
	61			一関市	
	2			平泉町	
	7				花巻市、石鳥谷町
	10			江刺市	
	14				石鳥谷町
十勝川 (9,010)	47			池田町、豊頃町	音更町、幕別町
	56				幕別町
	28				音更町
阿賀野川 (7,710)	42			三川村	
	53			五泉市、鹿瀬町	
	56			鹿瀬町	
	57			五泉市、鹿瀬町	
	7			三川村	
	10			三川村[1,2]	
	12			三川村	
	16			三川村	
	23			五泉市、阿賀町	
最上川 (7,040)	44			立川町、大蔵村	
	51			舟形町	村山市
	53				朝日町、村山市

	55			新庄市	
	56			新庄市[1,2]	朝日町[1]、村山市[1]
	57			新庄市[1,2]	
	1				村山市
	10			新庄市	
	16				村山市
	25			新庄市、大石田町	村山市、河北町
	26				村山市、河北町
阿武隈川（5,400）	61				角田市、梁川町
	14				梁川町
木曽川（5,275）	58				可児市、八百津町
天竜川（5,090）	58				佐久間町
雄物川（4,710）	44				協和町
	47				雄和町、協和町、神岡町
	54				協和町
	14				神岡町
	19				大仙市
米代川（4,100）	47				能代市、二ツ井町
	55				二ツ井町
江の川（3,900）	46				川本町
	47				邑智町
	54				邑智町
	55				大和村
	58				江津市、桜江町
	7				桜江町
	23				川本町
	24				川本町

吉野川 （3,750）	43				三好町
	49				三野町
	57				穴吹町[1,2]
那珂川 （3,270）	47				水戸市、御前山村
	11				水戸市
	23				常陸大宮市

注：文字の肩の数字は、同一河川で１年に２回被害があった場合の発生順（同一市町村での被害回数ではない）を示す。例えば○○年に台風10号と18号による被害があった場合、前に発生した10号の被害を１、後の18号の被害を２とした。従って同一市町村で年２回の被害があった場合は１、２となる。

資料：建設省、国土交通省「水害統計」

3．浸水被害が多発する場所の地形条件

水害統計の分析で注目されることの一つは、浸水被害が繰り返し発生する常襲地があることである。浸水被害の常襲地は、一般的には山間の渓谷部や扇状地、盆地とくに盆地の下流、盆地から平野に至る狭窄部、自然堤防帯、三角州などとされるが、前記の表にみる被害地点は、多くが盆地や狭窄部の谷底平野であり、扇状地や自然堤防帯、三角州では少ないことがわかる。

この理由としては、扇状地では古くから瀬替などによる流路の固定等による整備が行われてきたこと、自然堤防帯や三角州などの下流域では、海に面して排水先が確保しやすいことから瀬替（北上川、利根川、木曽川など）や分離・分流（淀川と大和川、木曽三川など）、放水路（信濃川、太田川、旭川など）、捷水路（石狩川、筑後川など）などによる通水量の拡大が図られてきた結果と思われる。

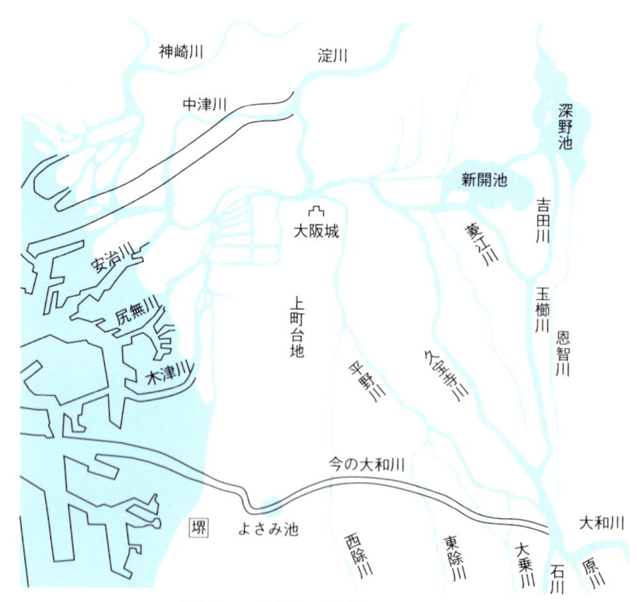

図２　分離：淀川と大和川

出典：大阪府柏原市「大和川の歴史」

江戸時代の改修

明治以降

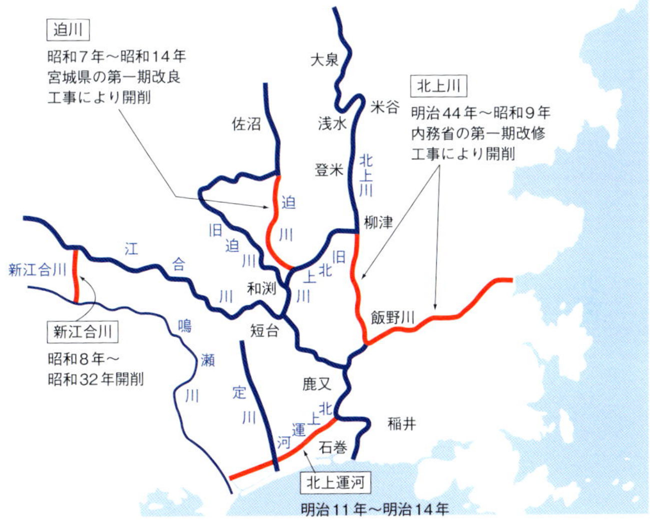

図3　瀬替：北上川

出典：国土交通省北上川学習交流館あいぽーと「北上川の歴史」

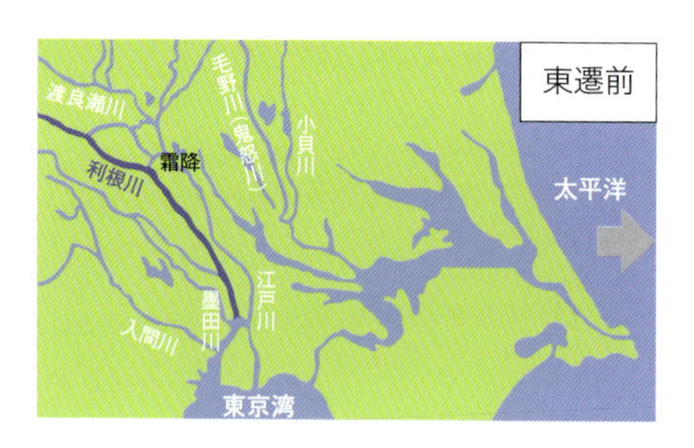

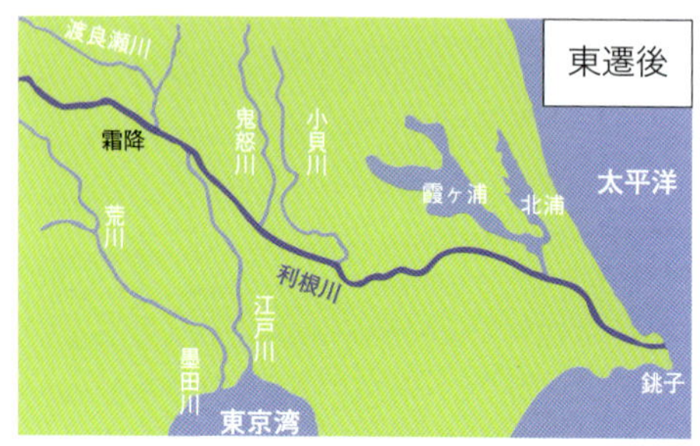

図４　瀬替：利根川（東遷）

出典：利根川上流河川事務所「利根川の東遷」

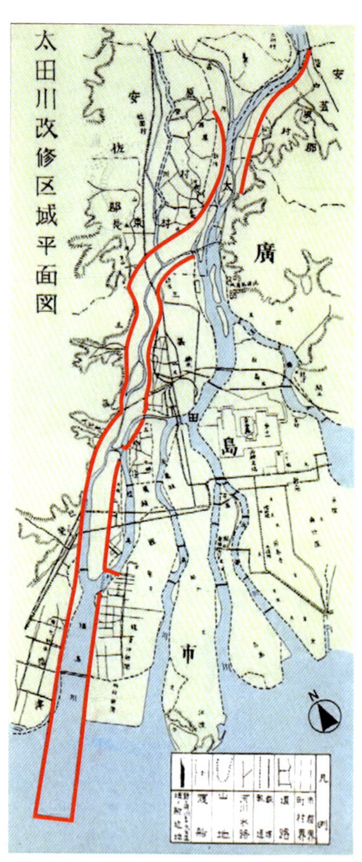

図５　放水路：太田川

出典：中国建設弘済会「戦後復興の礎　太田川放水路」

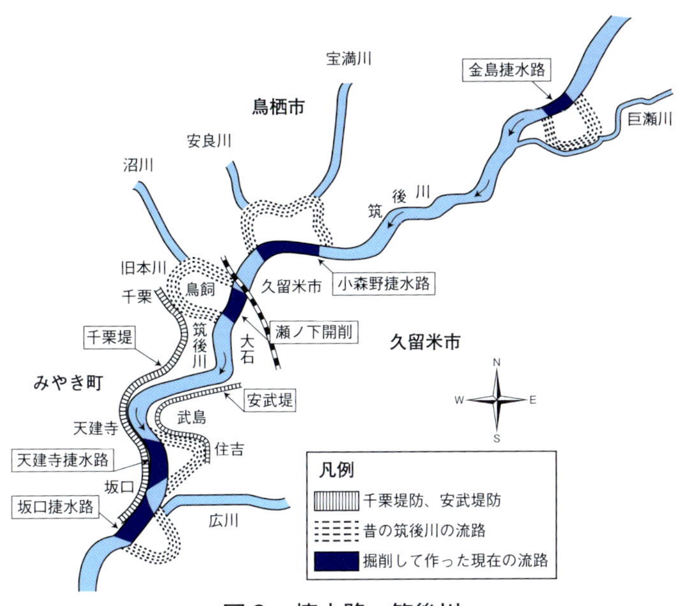

図６　捷水路：筑後川

出典：筑後川河川事務所「筑後川の治水事業の歴史」

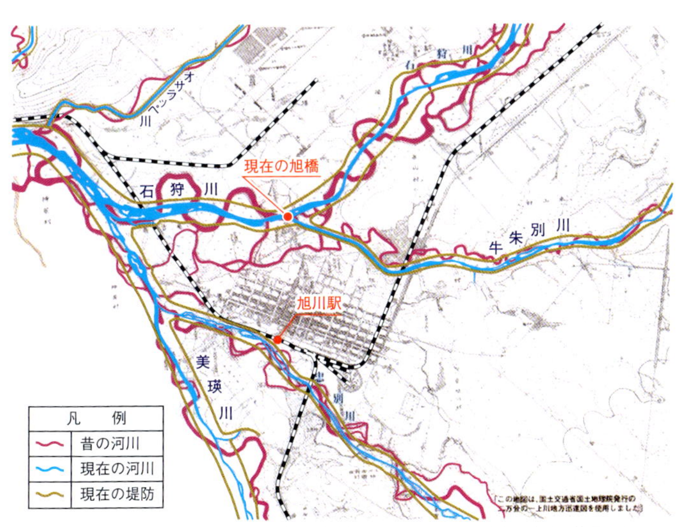

この地図は、国土交通省国土地理院発行の二万分の一上川地方迅達図を使用しました

図７　捷水路：石狩川（旭川周辺）

出典：北海道開発局旭川河川事務所「石狩川　地図と歴史の旅」

一方、下流に狭窄部をもつ盆地では、狭窄部の流下能力によって流量が制限されるため、盆地下流（狭窄部上流）が水害常襲地となり（東北日本では北上川一関付近、最上川村山付近など、西南日本では由良川福知山、肱川大洲など）、また急激な塞き上げが起こる狭窄部（阿賀野川三川村、江の川川本町など）でも水害が多発している。

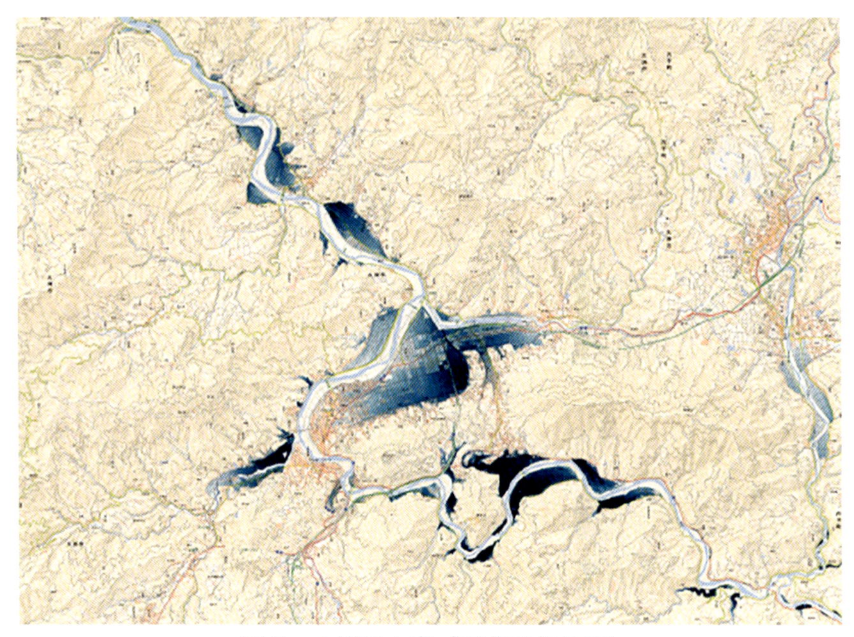

図８　大洲の水害（平成30年７月）

出典：国土地理院「平成30年７月豪雨による浸水推定段彩図（肱川）」

これらのうち盆地部では遊水地の整備（北上川、最上川、利根川など)、狭窄部では宅地の嵩上げや囲い堰（輪中堤）の整備（江の川、阿賀野川など）などの取り組みもすすめられており、これらの整備に期待がかけられる。

しかし、一級河川の上流や支川を含めて、中小河川の整備は未だ十分とはいえず、後述するような雨の降り方を考慮すると、中小河川における水害対策が急務となっているといえる。

図９　一関遊水地

出典：岩手河川国道事務所「一関遊水地事業概要」

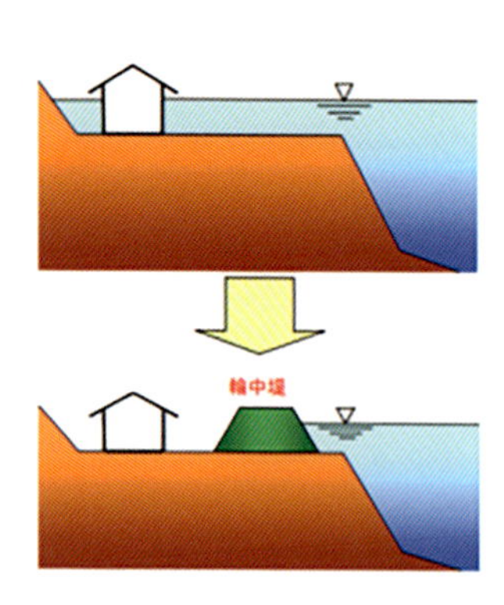

図10　輪中堤

出典：岩手河川国道事務所「平成22年度業務概要」

（改修前）

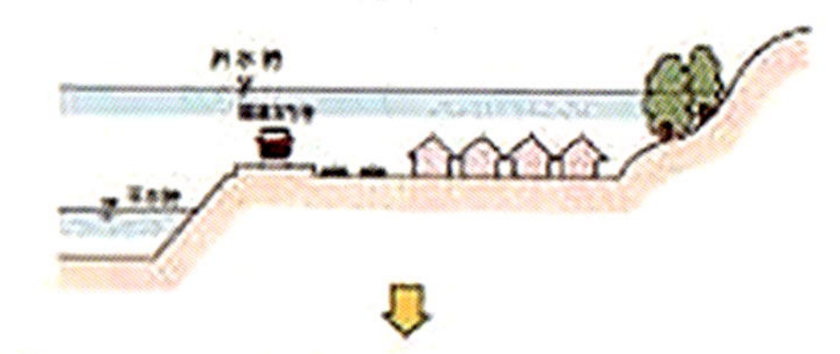

（嵩上げ方式による改修（現況））

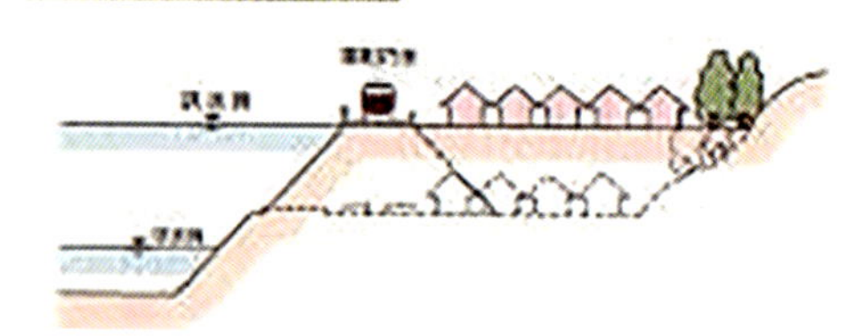

図11　宅地の嵩上げ

出典：三次河川国道事務所「水防災対策特定河川事業」

◆参考資料（過去に浸水被害が多発した場所）

浸水被害は同じような場所で繰り返し発生することが知られる。流域面積1,000 km²以上の一級河川について、浸水被害が多発した発生箇所（同一箇所で３回以上の浸水被害を蒙った場所）の地形条件をみると、次の表２のようになる。

表２　浸水被害が多発する地形特性（３回以上の浸水被害をみた場所）

河川名	山地渓谷・谷底平野	盆地	狭窄部	扇状地	自然堤防帯	三角州・干拓地
北上川		花巻市③				
阿賀野川			鹿瀬町③＋① 三川村⑦＋① 五泉市②＋①			
最上川		村山市⑦	新庄市⑦ 舟形町③			
天竜川		岡谷市③	飯島町③ 中川村③			
雄物川		協和町③＋① 神岡町②＋①				
米代川		大館市①＋② 田代町③＋②				
江の川		三次市②＋②	川本町③ 作木村②＋②			
筑後川	小国町④				浮羽町②＋①	大川市③
高梁川	新見市③＋①					

岩木川					弘前市⑥	
新宮川	本宮町③+② 熊野川町①+②					
大淀川			高崎町③			
吉井川	奥津町④		柵原町⑥			
馬淵川		南部町⑥ 名川町⑥				
長良川	美並村②+① 八幡町②+① 大和町②+① 白鳥町②+① 高鷲村②+①					
由良川	美山町③+① 和知町②+①	福知山市②+① 大江町②+①	舞鶴市③			
紀ノ川	吉野町③					
加古川	黒田庄町②+①					
太田川					広島市③+①	
川内川	鶴田町③+①	栗野町④ 菱刈町⑦ 川内市④+①				
大野川	緒方町②+②		犬飼町①+②			
大井川	本川根町⑥					
肱川		大洲市②+④	長浜町②+④			

千代川	智頭町③					

注１：＋の後の○数字は、合併後の想定被害。合併後についても旧市町村を基準に計上することにしたため、合併市町村内で過去に被害を受けた旧市町村をすべて記載した。このため合併前の旧市町村によっては、被害を受けなかった場合もあり得る。
注２：流域面積3,000 km^2 以下の上流域（流域面積区分Ⅰ）を含むため、表１に比べて市町村数が多い。
注３：根拠とした水害統計では被害箇所は市町村名で記載されており、詳細な地点は不明である。このため地形への当てはめは筆者による推定であり正確ではない。例えば五泉市は狭窄部ではなく自然堤防帯、広島市は自然堤防帯ではなく谷底平野である可能性もある。
注４：扇状地は「盆地」にも「平野」にもあるが、ここでは両者を一括している。
注５：自然堤防帯は「盆地」にもありうるが、ここでは「平野」のものを示す。
資料：建設省、国土交通省「水害統計」

Ⅱ. 雨の降り方は浸水被害にどう影響するか

1. 線状降水帯の雨

大河川ことに一級河川の下流域に比べて、一級河川の支川や二級河川、普通河川等の中小河川における浸水被害が多いのは、一級河川の下流域に比べて河川整備の進捗が遅れていることのほか、雨の降り方、とくに豪雨域の範囲が大きく影響しているものと考えられる。

集中豪雨に関連して注目される線状降水帯は、「次々と発生する発達した雨雲が列をなした、組織化した積乱雲群によって、数時間にわたってほぼ同じ場所を通過または停滞することで作り出される、線状に伸びる長さ50～300 km 程度、幅20～50 km 程度の強い降水をともなう雨域」（気象用語）とされるが、平成26年８月の広島安佐地区を襲った土砂災害時の雨量は、最大１時間101.0 mm、最大３時間217.5 mm、最大24時間257.0 mm（安佐北区三入：８月20日）という極めて短時間の激しい雨であったものの、降雨域は限られていた。

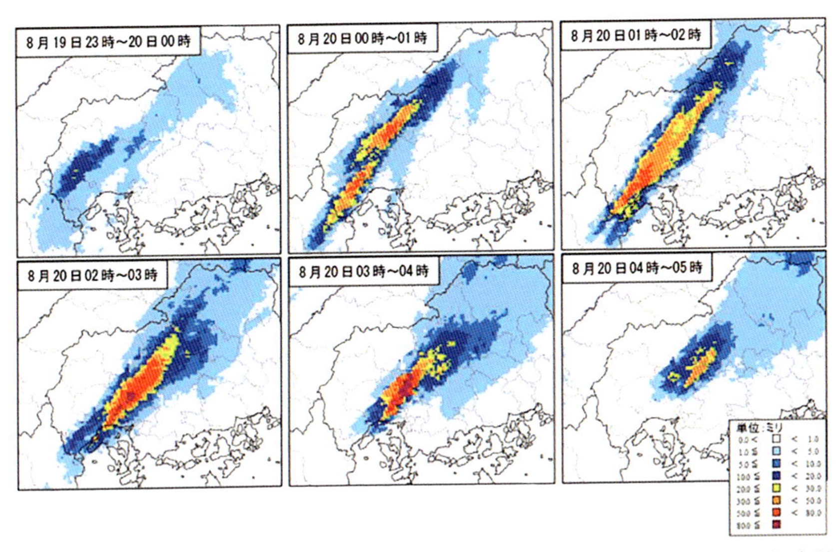

図12　代表的な線状降水帯の広がり（平成26年8月広島市安佐地区の土砂災害時における解析雨量）

出典：気象庁「災害時気象速報　平成26年8月豪雨」平成26年11月17日

線状降水帯は１つではなく、複数発生することもある。

鬼怒川が決壊し常総市に浸水被害をもたらした平成27年９月関東・東北豪雨では、８つの線状降水帯が直線上に連続して発生した。個々の線状降水帯は幅が20～30 km、長さが50～100 km 程度であったが、これらが連続して発生したことで、全体としては南北に伸びた100～200 km の帯状の降雨域がみられた。範囲を20 mm/h を超える雨域に限っても、鬼怒川の全域を含むような範囲になっており、中小河川に与える影響が大きいことが想像できる。複数の線状降水帯が通過した今市の降水量は、９日16時から10日４時の13時間で20 mm/h を超える雨が11時間観測され、24～４時には35 mm/h を超える雨が５時間降り続いた（最大59.5 mm/h）。

注：「○○時の降水量」とは「○○時までの降水量」、従って16時の降水量は15時から16時までの降水量。

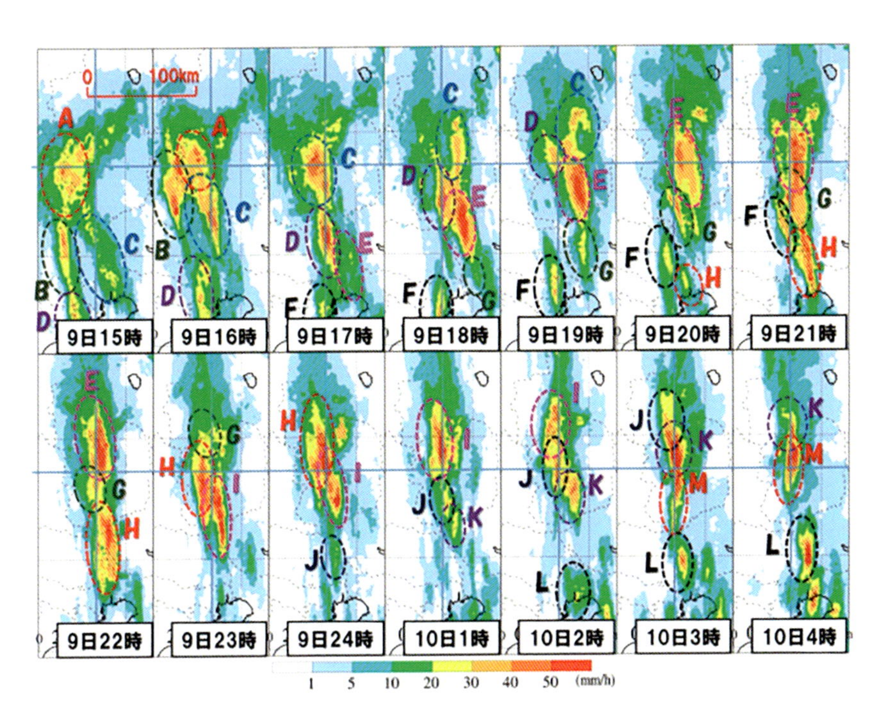

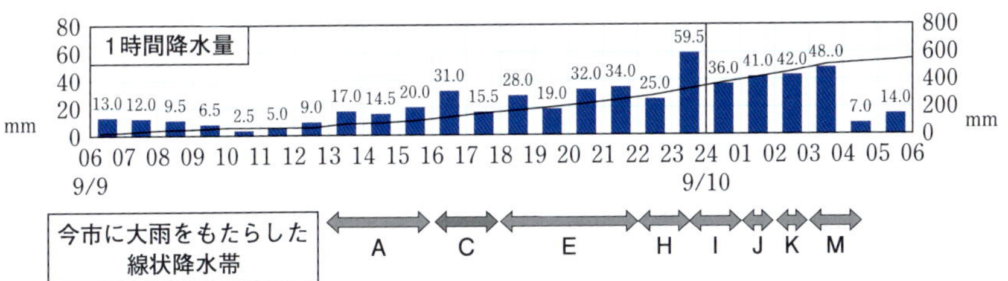

図13　平成27年９月10日関東・東北豪雨の解析雨量（直線上に連続して発生した線状降水帯）

出典：気象研究所「平成27年９月関東・東北豪雨の発生要因」平成27年９月18日

複数の線状降水帯は直線的に連なる場合だけでなく、並行して発生することもある。

平成25年８月９日の秋田県・岩手県の大雨のケースでは、秋田県鹿角で40 mm/h を超える雨が４時間続き、最大降水量は108.5 mm/h であった。鹿角の降水量は１時間・３時間・24時間降水量ともこの雨の最大値を記録したが、３時間・24時間降水量はそれぞれ229.0 mm/h、293.0 mm/h であり、この場合も短時間の激しい降雨であったことがわかる。

このケースの線状降水帯の広がりを24時間積算降水量でみてみると、以下の図のようであり、１つの降水帯の広がりは、累積雨量100 mm の範囲でおよそ長さ100 km、幅30 km となっている。

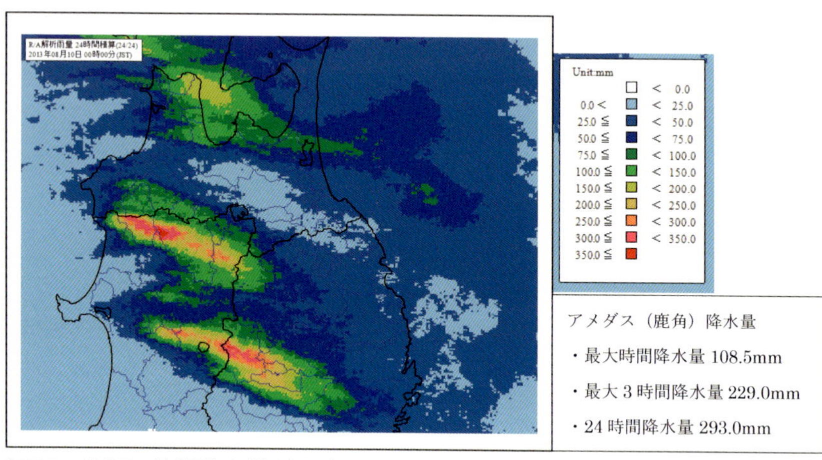

図14　並行に線状降水帯が発生した時の雨域の広がり（平成25年８月９日秋田県・岩手県の大雨における９日00時から24時までの降水量積算値）

出典：仙台管区気象台「災害時気象速報　大気不安定による平成25年８月９日の秋田県・岩手県の大雨」平成25年９月９日

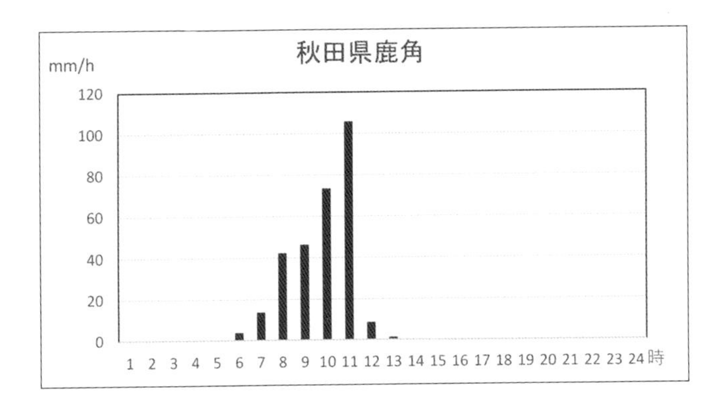

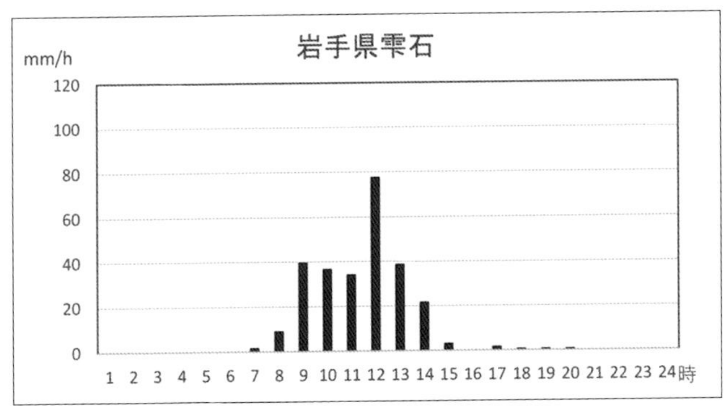

図15　秋田県鹿角、岩手県雫石の降水量（平成25年８月９日）

出典：気象庁「過去の気象データ」

線状降水帯の降雨は、１日で収まるとは限らない。梅雨前線の影響を受けている場合などは、複数日にわたって断続的に線状降水帯が発生し豪雨になることがある。平成24年７月の九州北部豪雨では、３～４日にわたって強い雨が観測された。

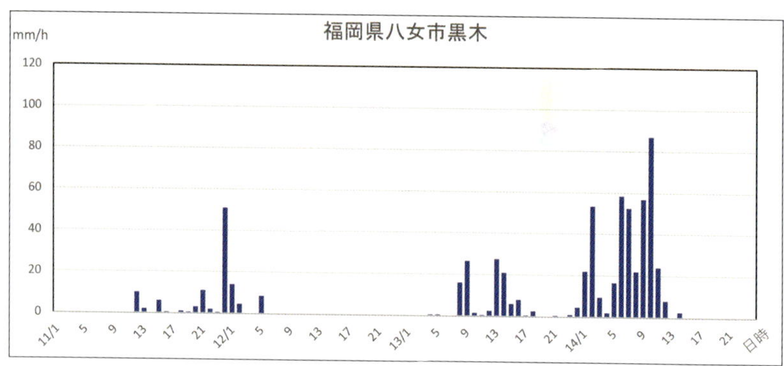

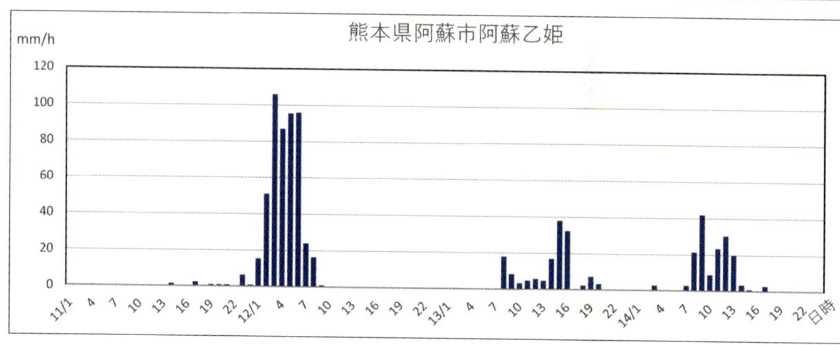

図16　八女市黒木、阿蘇市阿蘇乙姫の降水量（平成24年７月11～14日）

出典：気象庁「過去の気象データ」

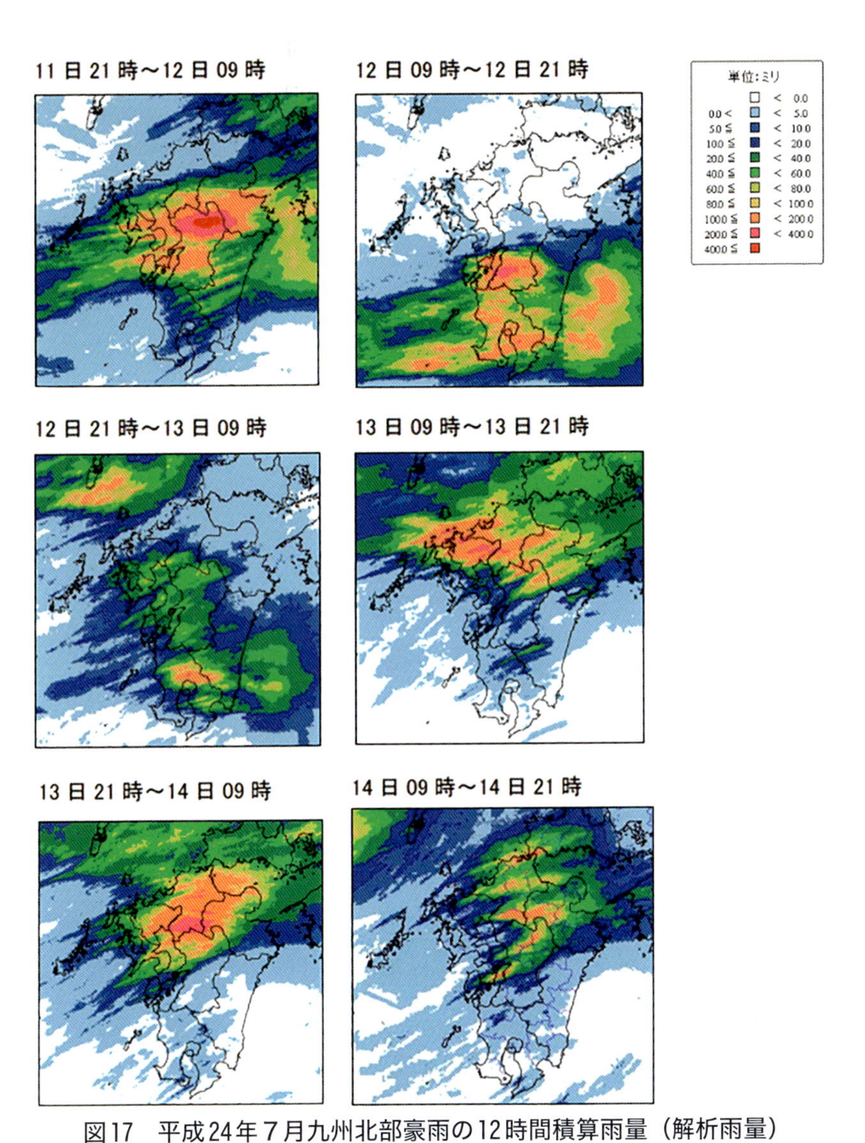

図17　平成24年7月九州北部豪雨の12時間積算雨量（解析雨量）

出典：気象庁「平成24年7月九州北部豪雨について（平成24年7月11日～14日）」

以上のように、線状降水帯の豪雨域は広いものでも6,000 km^{2}程度であり、前出の表1の浸水被害が流域面積9,000 km^{2}以下の流域で多くみられる理由には、線状降水帯の降雨域の広がりが関係していると考えられる。線状降水帯の降雨は狭い範囲に、短時間ではあるが大量の雨が降る。一方、中小河川や大河川の支流は、時間100 mmといった降雨に耐える整備水準にはなっておらず、集中的な降雨に見舞われれば堤防の破堤や溢水、洗掘・流亡が起こる。反面、大河川の下流域では、流域の広い範囲に降った雨を流下させる前提で整備がすすめられており、短時間の激しい降雨であっても、上流の局地的な降雨であれば、十分に耐えうる流下能力を備えていると考えられるからである。

もとより台風の雨のように、強い雨が長時間にわたって降る場合もあり、これによって大河川の下流でも堤防の破堤や溢水、洗掘・流亡に起因するような浸水被害が起こることはありうる。しかし線状降水帯に限っていえば、その可能性は少ないといえる。

一方、中小河川や大河川の支川を時間100 mmの降雨に耐える水準で整備することは困難である。このための対策としては、降雨継続時間が短いことを考慮して、流域に遊水地を整備して洪水を一時的に貯留し、遊水地外への洪水の流出を防止することで被害の拡大を防ぐ、といった対応が考えられる。

◆参考：雷雨

都市部におけるヒートアイランド現象は、雷雨をはじめとするゲリラ豪雨をもたらすことが懸念されている。雷雨も積乱雲による降雨であるが、線状降水帯のように積乱雲が次々と発生するわけではないので、降水域は線状降水帯に比べて狭く、降雨継続時間も短い。ただ時間雨量は線状降水帯の降雨に匹敵するような雨をもたらすため、舗装されて浸透もなく、貯留のための空間も乏しい市街地では、雨水が急激に流出することから、浸水被害が発生する恐れが大きくなる。

雷雨の例として東京区部を襲った平成23年８月26日の豪雨では、東京都練馬区練馬で89.5 mm/h、大田区羽田で81.5 mm/h の雨を観測したが、継続時間は短かった。

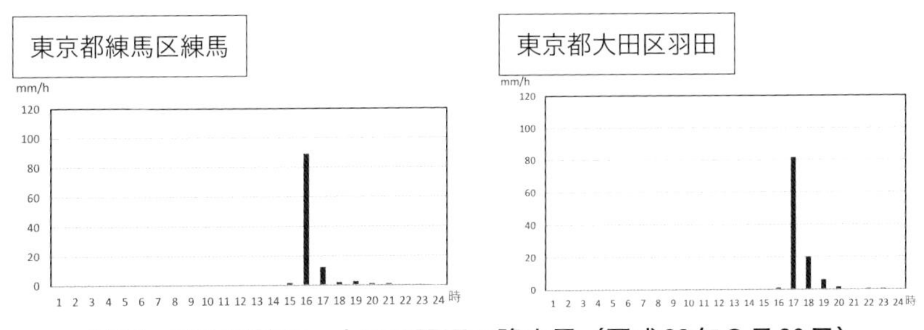

図18　練馬区練馬、大田区羽田の降水量（平成23年８月26日）

出典：気象庁「過去の気象データ」

26日14～15時

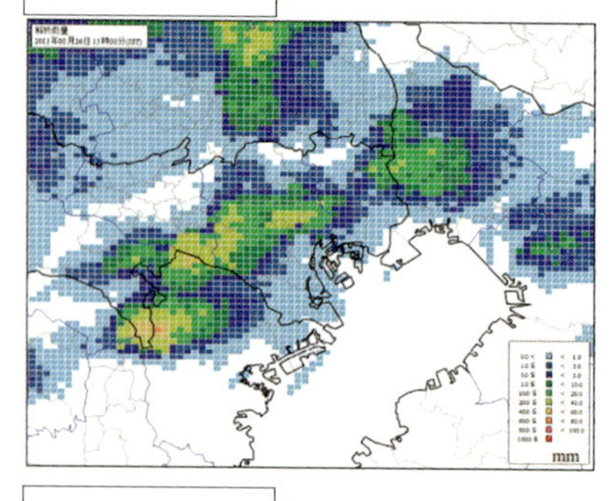

26日15～16時

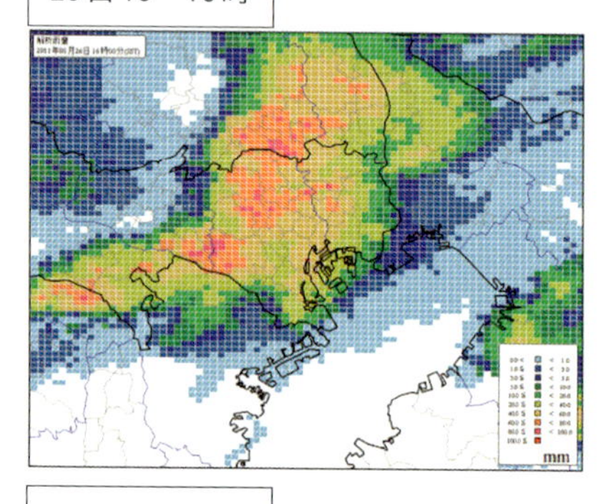

26日16～17時

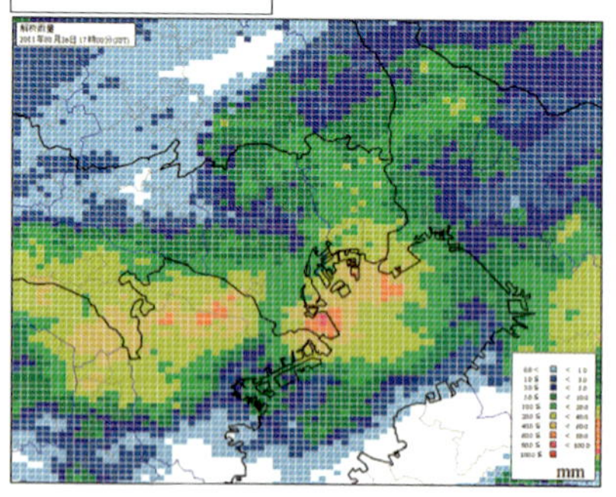

図19　平成23年８月26日の雷雨の雨域（解析雨量）

出典：東京管区気象台「平成23年８月26日の大雨に関する東京都気象速報」平成23年８月29日

2. 台風の雨

台風は広域に雨を降らせるが、豪雨域はアイウォールやこれを取り巻くスパイラルバンド、さらに外側のアウターバンドであるとされている。アイウォールは台風の目を取り巻く壁状の積乱雲であり、猛烈な暴風雨をもたらす。スパイラルバンド（インナーバンド）はアイウォールの外側に形成された積乱雲の帯で、激しい雨が連続的に降る。

アウターバンドはスパイラルバンドのさらに外側の、台風の中心から200〜600 km 付近にできる帯状の降水帯で、激しいにわか雨や雷雨が断続的に降り、時には竜巻をもたらす。

台風の降雨域はアウターバンドも含めれば非常に広範囲に及ぶが、豪雨はこれらのレインバンドで生じるため、限られた範囲になっている。

台風の雨域の一例として、関東地方を襲った平成28年８月の台風９号の雨域をレーダー画像でみると、雨域は関東平野全域に広がっているが、50 mm/h を超える豪雨域は22日の朝７時前後に伊豆半島で、さらに11時から13時にかけて神奈川県北部から埼玉県南部のエリアでみられる。また20 mm/h 前後を超える豪雨域は伊豆大島から伊豆半島を経由して箱根に至る雨域や神奈川北部から埼玉北部にかけての雨域など、概ね長さ100〜150 km、幅50 km 程度で、先に述べた線状降水帯の広がり程度になっている。

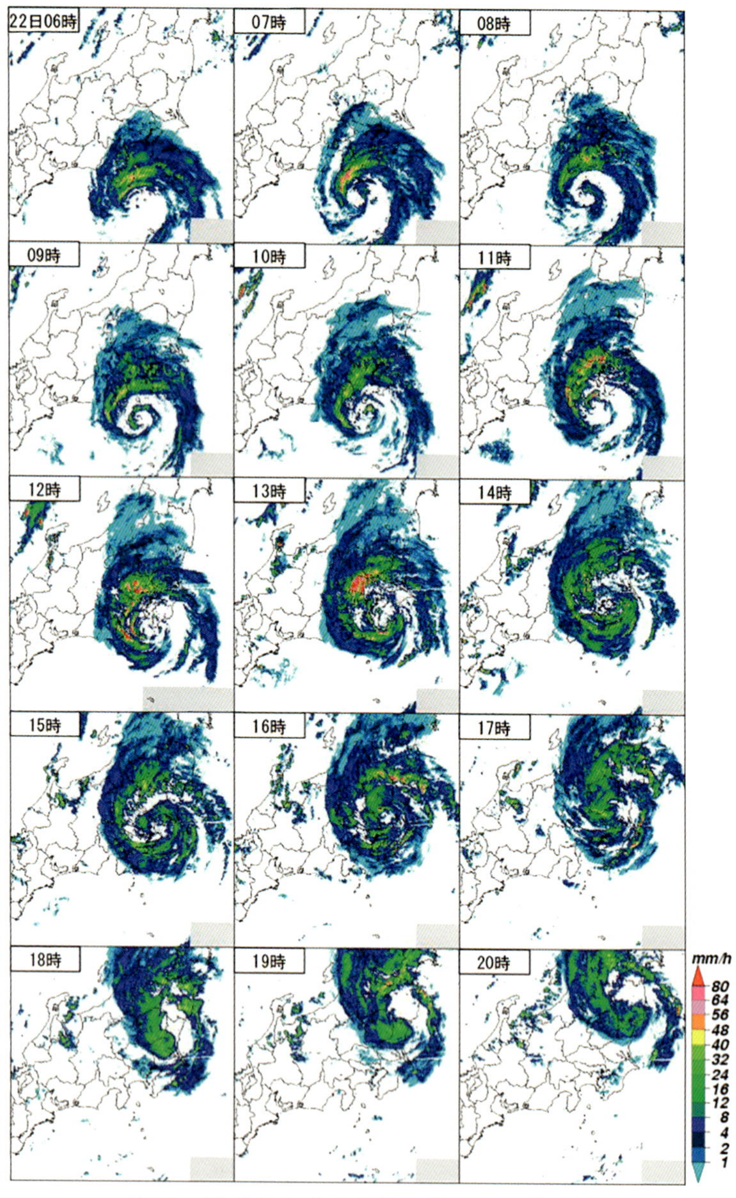

図20　平成28年８月台風９号のレーダー画像

出典：東京管区気象台「平成28年　台風第９号に関する気象速報」平成28年８月25日

時間降水量（正味時間）は東京青梅で107.5 mm、静岡天城山で86.0 mm、神奈川相模中央で78.5 mm、埼玉所沢で76.5 mm となっていて、60 mm を超える降雨の継続時間は東京青梅で２時間、静岡天城山で４時間などであった。

また、降り始め（21日21時）から降り終わり（23日６時）までの積算雨量は、台風の速度が速かったこともあり、静岡天城山で423.0 mm、神奈川箱根で290.0 mm、東京青梅で265.0 mm、埼玉浦山で225.5 mm であった。

静岡県伊豆市天城山

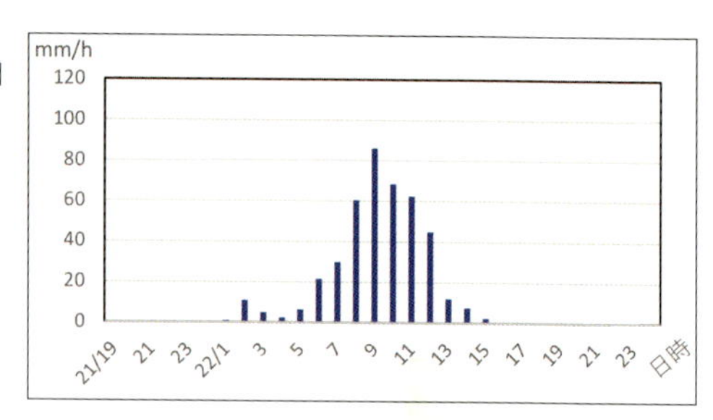

神奈川県箱根町箱根

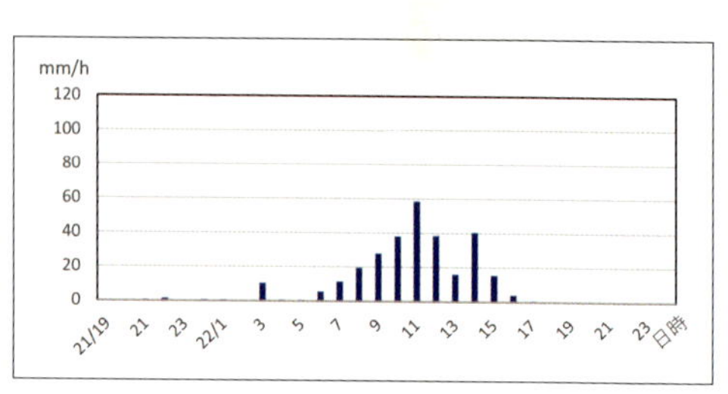

東京都青梅市青梅

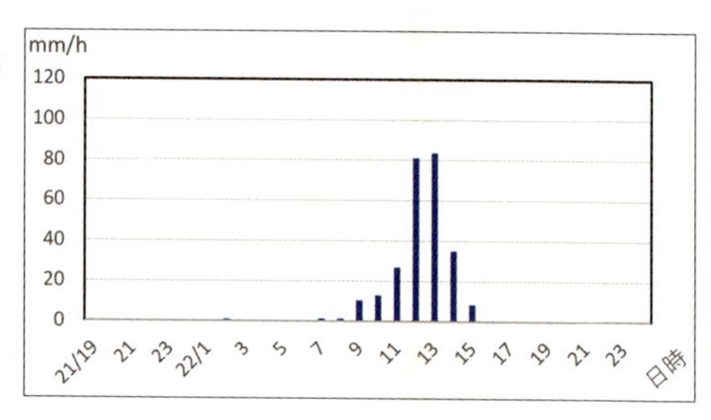

埼玉県秩父市浦山

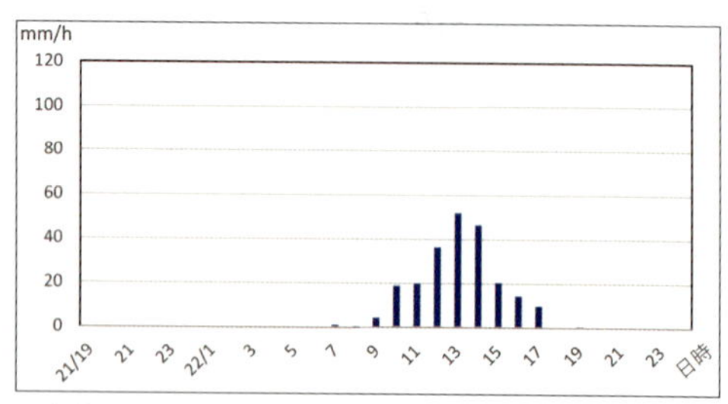

図21　天城山、箱根、青梅、浦山の降水量（平成28年8月21日19時～22日24時）

出典：気象庁「過去の気象データ」

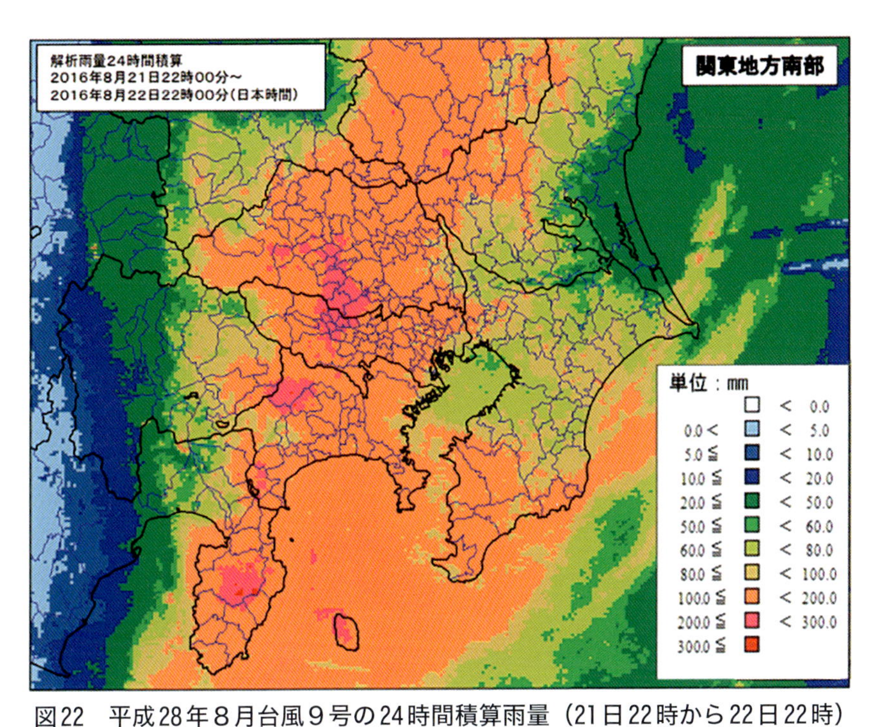

図22　平成28年８月台風９号の24時間積算雨量（21日22時から22日22時）

出典：熊谷地方気象台「平成28年　台風第９号に関する埼玉県気象速報」平成28年８月23日

3．集中豪雨型台風

記録的な豪雨を観測した平成３年の台風17号は、福岡県前原で147mmの時間降水量を観測したが、周辺の降水量をみると佐賀県和多田で82mm、大分県国見で78mm、長崎県佐世保で72.5mm、福岡県宗像で68mm、福岡県八幡で58mmとなっていて、ここでも豪雨域は九州の北部にとどまっている。

これに次ぐ豪雨をみた平成27年８月の台風15号では、長崎県雲仙岳で134.5mmの時間降水量を観測した。この台風は九州を縦断する経路で進んだため、豪雨域は鹿児島から福岡、山口に及んだ。降雨のピークは鹿児島の中甑では25日４時５分、熊本の牛深で４時37分、大分の椿ヶ鼻で７時12分、佐賀の鳥栖で７時15分、福岡の添田で７時30分、山口の東厚保で９時半となっていて、速い速度で九州を縦断した。

この台風の雨による被害は、山口県の厚狭川で有堤部溢水、その支流の伊佐川で無堤部浸水、同じく麦川川で有堤部溢水、木津川で無堤部浸水が生じている（いずれも二級河川）が、その他では鹿児島県の長川（二級河川）や佐賀県の筑後川水系安良川（一級河川）で内水災害（それぞれ薩摩川内市、鳥栖市）が生じただけであり、一級河川の本川での被害はなかった。

このように中小河川に被害が集中し、大河川での被害が起きなかった理由としては、時間60mmを超えるような降雨の場合、中小河川の流下能力を超えてしまい、本川に流入する以前に内水被害が生じたり支川が氾濫して、本川に影響を及ぼす事態には至らなかったためと考えられる。

もう一つ注目されるのは期間降水量であり、１時間降水量の最大値を観測した雲仙岳の期間降水量は290.0mmで最大１時間降水量の２倍強に過ぎない。台風の通過スピードが速かったため降雨の継続時間が短く、このことが中小河川に被害を集中させたもう一つの原因と考えられる。

また、九州の河川は概ね東西ないし西東に流れており、南から北に流れる河川が少ないことも幸いであった。降雨のピークが川の流れと同じ方向と速度で移動すると、降雨と流量のピークが重なりあい、水位が一層上昇する恐れがある。もし台風の進路と同じように、北に向かって流れる河川があったとすれば、大きな被害がでた可能性がある。

国内で一般的な台風の進路と同じ北や北東方向に流れる河川は、北から天塩川、岩木川、馬淵川、雄物川、最上川、阿武隈川、信濃川、神通川、庄川など北日本に多い。台風の勢力が衰えはじめた頃に襲来する地域の河川であるとはいえ、強い勢力のまま北上した場合は、被害が大きくなる恐れがある。

表３　平成27年８月　台風15号の降水量（アメダス）

最大１時間降水量				単位 mm
順位	県	地点（市町村）	降水量	日時（25日）
1	長崎	雲仙岳（雲仙市）	134.5	05時43分
2	鹿児島	中甑（薩摩川内市）	89.0	04時05分
3	熊本	牛深（天草市）	79.5	04時37分
4	山口	油谷（長門市）	78.0	09時13分
5	山口	東厚保（美祢市）	77.5	09時30分
6	大分	椿ヶ鼻（日田市）	74.0	07時12分
7	山口	豊田（下関市）	73.0	09時29分
8	佐賀	鳥栖（鳥栖市）	72.0	07時15分
9	佐賀	久留米（久留米市）	69.5	06時56分
10	福岡	添田（添田町）	68.0	07時30分

期間合計降水量（23～25日）			単位 mm
順位	県	地点（市町村）	降水量
1	宮崎	えびの（えびの市）	292.0
2	長崎	雲仙岳（雲仙市）	290.0
3	鹿児島	肝付前田（肝付町）	278.5
4	鹿児島	田代（錦江町）	278.5
5	宮崎	神門（美郷町）	274.5
6	宮崎	椎葉（椎葉村）	262.0

7	宮崎	鞍岡（五ヶ瀬町）	254.5
8	大分	椿ヶ鼻（日田市）	251.5
9	宮崎	諸塚（諸塚村）	239.5
10	宮崎	西米良（西米良村）	225.0

出典：福岡管区気象台「災害時気象資料～平成27年台風第15号による8月23日から25日にかけての九州・山口県の気象状況について～」平成27年8月27日

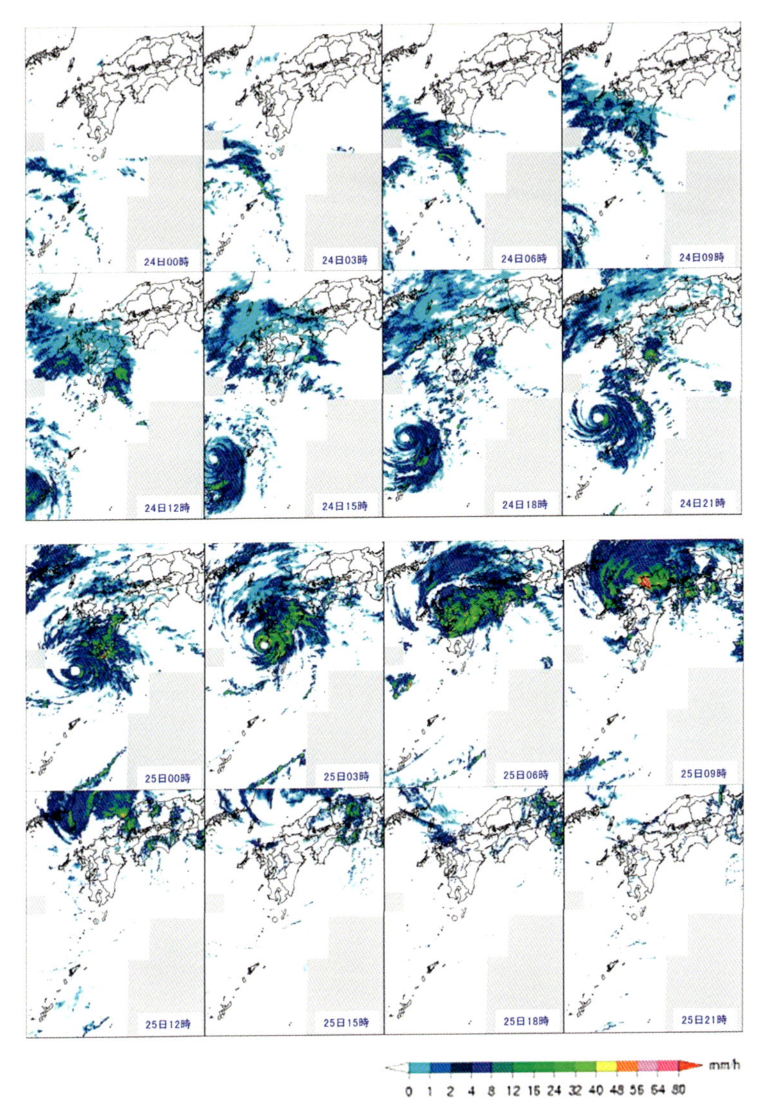

図23　平成27年８月　台風15号のレーダー画像（８月24日00時～25日21時　３時間毎）

出典：福岡管区気象台「災害時気象資料～平成27年台風第15号による８月23日から25日にかけての九州・山口県の気象状況について～」平成27年８月27日

4．停滞型台風（昭和51年台風17号）

一方、停滞型の台風の場合の降雨域はどのようになるのだろうか。

昭和51年台風17号は、９月９日に南西諸島を通過したのち10日から12日朝にかけて九州の南西海上でほとんど停滞した。その後台風は北上をはじめ、13日夜半に長崎市付近に上陸し、午前に日本海に抜けた。大雨の原因は台風のほか、日本列島とりわけ西日本から東日本にかけて停滞していた前線によるもので、８日朝から九州中部から四国にかけて降り始めた雨が夜には中四国から近畿地方全域に達し、９日午後に東海に移ったものの、夜には再び近畿に移り、10日になると近畿から中四国、九州の広範囲に広がり、14日の朝に温帯低気圧になるまでの間、西日本一帯に大雨をもたらした。

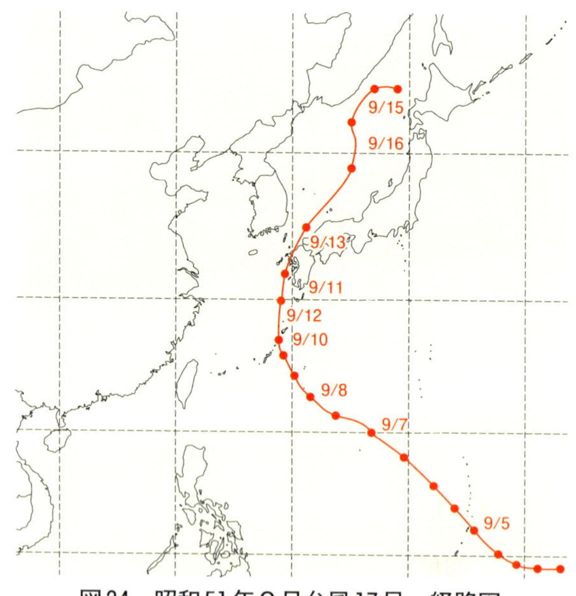

図24　昭和51年９月台風17号　経路図

出典：気象庁「災害をもたらした気象事例」

⑴ 中四国の状況

i）8日の雨

8日は高知県の佐川で280 mm、須崎で218 mm、成山で204 mm の日雨量を観測している。また、徳島県の福原旭で236 mm、兵庫県の福良で202 mm の日雨量を観測している。

時間雨量は8時に須崎で54 mm の雨をみたのち、1時間後の9時に佐川で86 mm、10時に39 mm を観測した。その後も高知県内では、夜になって佐喜浜で20時に48 mm、21時に52 mm の強い雨を観測したが、いずれも豪雨域は狭く、継続時間も短かった。

徳島県内では福原旭で17時に37 mm、18時に48 mm、19時に24 mm、20時に45 mm の雨を観測した。近傍でも江田山で19時に51 mm の雨をみた。太平洋側でも20～21時にかけて宍喰で30 mm 強の雨が続き、22時には日和佐で42 mm の雨をみている。

兵庫県内では淡路島の郡家で20時に34 mm、21時に61 mm の降雨があり、福良でも21時に51 mm の雨をみた。また明石でも21時に46 mm の雨を観測している。

このように高知の中央部で朝と夜に、短時間の強い雨が降った。また徳島の南東部から淡路島、明石にかけての地域で夕方から夜にかけて、やや強い雨が降った。

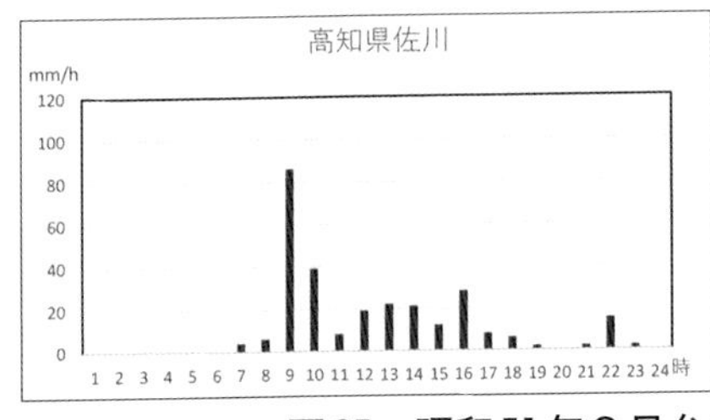

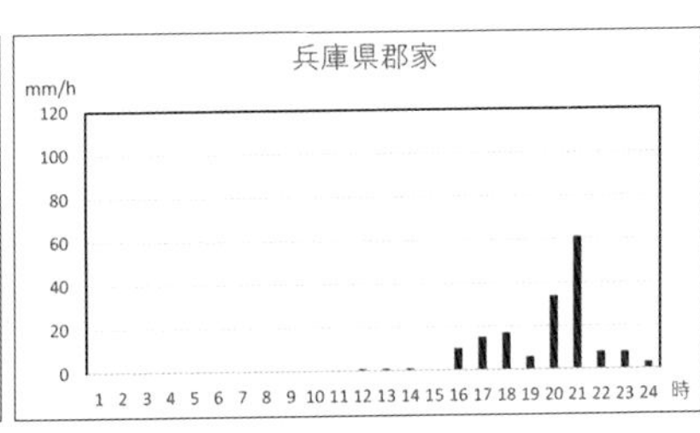

図25　昭和51年9月台風17号の降水量（8日）

出典：気象庁「過去の気象データ」

図26　昭和51年９月台風17号の降雨特性（８日）

ⅱ）10日の雨

10日は主に徳島県から兵庫県にかけて強い雨をみた。

徳島県では西から剣山、穴吹、江田山、福原旭、大山寺で日雨量200～400mm超の雨が降り、中でも剣山（432mm）、福原旭（331mm）、大山寺（310mm）、江田山（272mm）で降雨量が多かった。

時間雨量は福原旭の49mm（19時）が最大で、その他の地点は25～40mmであった（ただし剣山では時間雨量は観測されていない）。

一方、大山寺に近い香川県の引田では日雨量369mm、時間雨量92mm（20時）の雨量を観測している。

兵庫県では南から家島、姫路、的場山、上郡、佐用、一宮、生野、大屋、香住（大屋と香住は図28には表示なし）で日雨量200mmを超える雨をみたが、とくに家島の雨量は528mmと大量の雨を観測した。また生野では353mm、姫路や的場山でもそれぞれ294.0mm、280mmの雨量をみた。

日雨量の多かった地点の時間雨量をみると、家島では11時50mm、12時56mm、13時85mm、14時欠測、15時96mm、16時42mmとなっていて、14時の欠測を加えれば日雨量はさらに大きかったと予想される。その他では生野で14時59mm、18時52mmの雨をみたが、これ以外の地点では多い場所でも30～40mmであった。日雨量は200mmに満たなかった地点では、福良で２時に61mmの雨を観測している。

家島や生野の雨は５～６時間続く豪雨であったが、引田や福良の雨は雷雨のような短時間の豪雨であった。

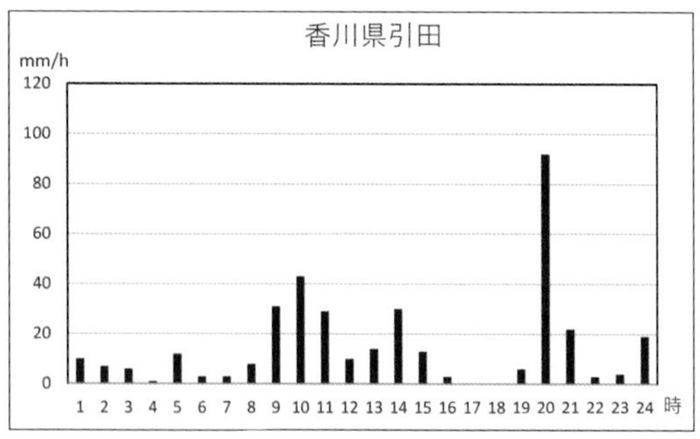

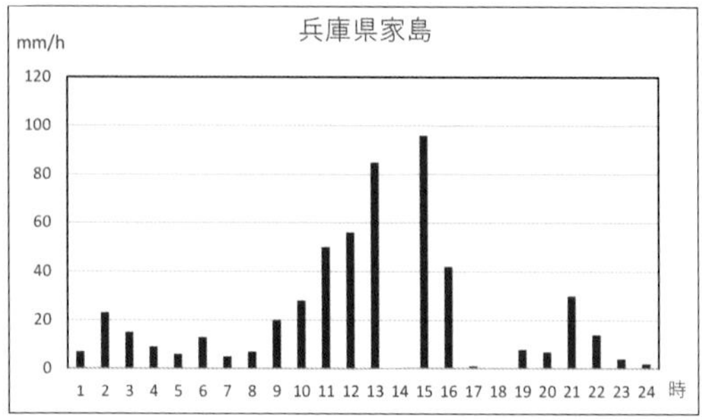

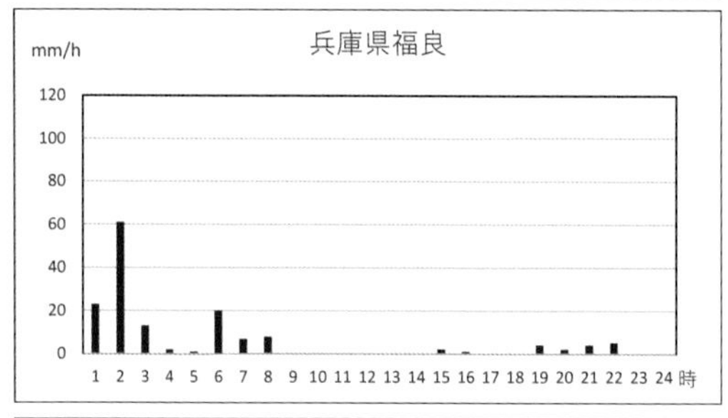

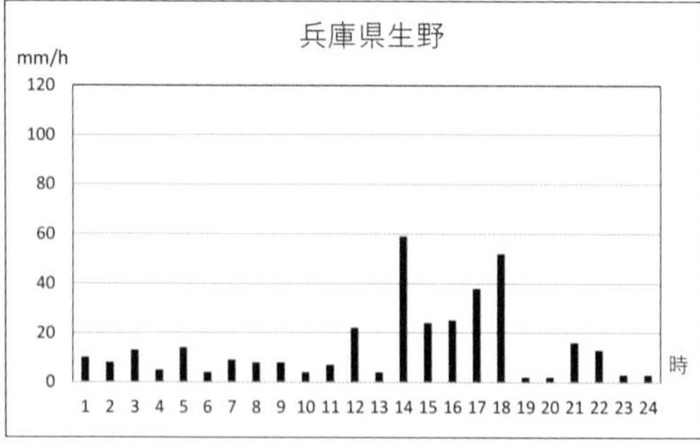

図27　昭和51年9月台風17号の降水量（10日）

出典：気象庁「過去の気象データ」

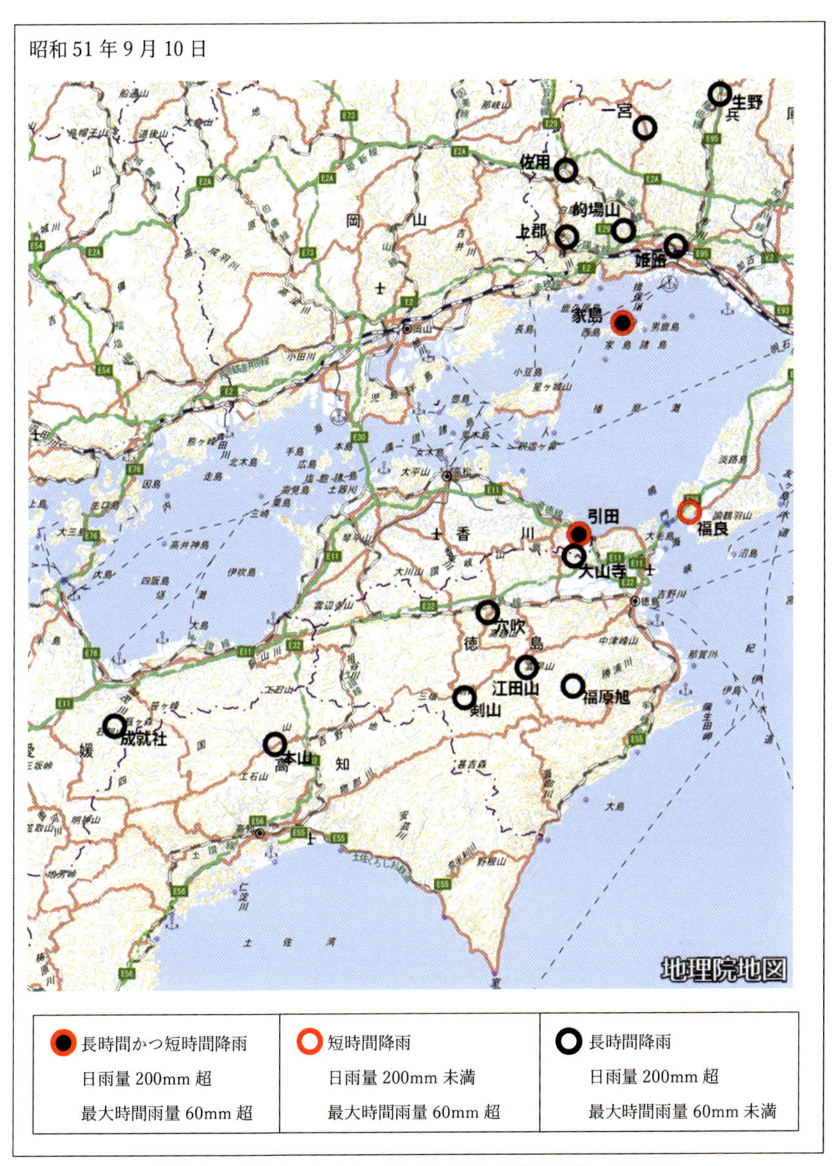

図28　昭和51年９月台風17号の降雨特性（10日）

iii）11日の雨

11日は四国各県と兵庫県、岡山県の瀬戸内にかけて、広い範囲で雨が降った。とくに四国では、日雨量200mm超の観測地点が高知県で８地点、徳島県４地点、香川県２地点、愛媛県５地点に上り、岡山県でも２地点、兵庫県でも１地点を数えた。日雨量が最も多かった地点は香川県の内海（790mm）、徳島県の剣山（726mm）で、岡山県の虫明も401mmの降雨を観測した。

時間雨量は内海95mm、高知県の南国71mm、高知67.5mm、繁藤57mmの順になっているが、香川県の引田や兵庫県の家島でも51mm、50mmの降雨を観測しており、高知の中央部と瀬戸内海の播磨灘西部で強い雨を観測した。

時間雨量の変化を追うと、高知では13時に67.5mm、14時に43.0mmの雨を観測し、同じ14時には近傍の成山、本山で30mmの雨を観測している。その後、繁藤で17時、18時に33mm、57mmの雨を、南国では19時に71mmの雨が降り、さらに高知で20時と21時にも58.0mm、52.5mmの雨を観測している。20時に佐川で36mm、21時には鳥形山でも35mmの雨をみた。

高知県の雨は長く降ったが、豪雨域の広がりは狭い。

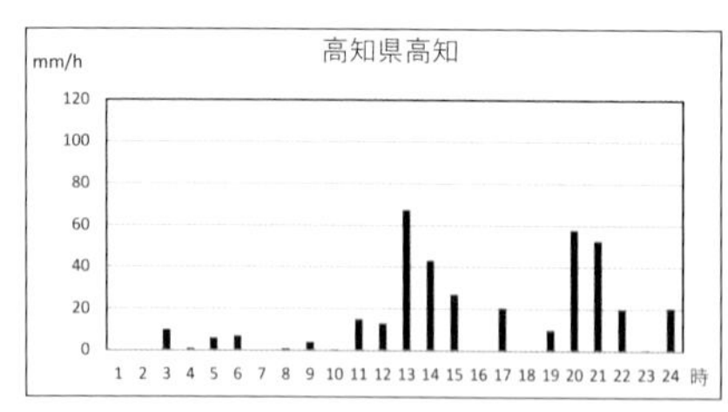

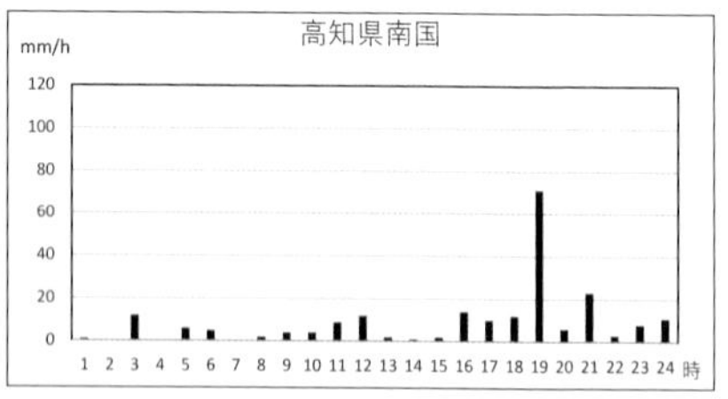

図29　昭和51年９月台風17号の降水量（11日その１）

出典：気象庁「過去の気象データ」

一方、播磨灘の雨は香川県の内海で激しく、50 mm を超える雨が8時、13時、14時、21時と断続的に降り、とくに21時の雨は95 mm に達した。近傍では朝に引田で5時に51 mm、兵庫県の家島で6時に50 mm、岡山県の和気で2時に45 mm など、午後には岡山県の虫明で15時に45 mm を観測した。

この日の特徴は内海の雨であり、激しい雨を交えつつ、強い雨が一日を通して断続的に降った。このような雨は、この期間を通じてほかの地点はみられない。

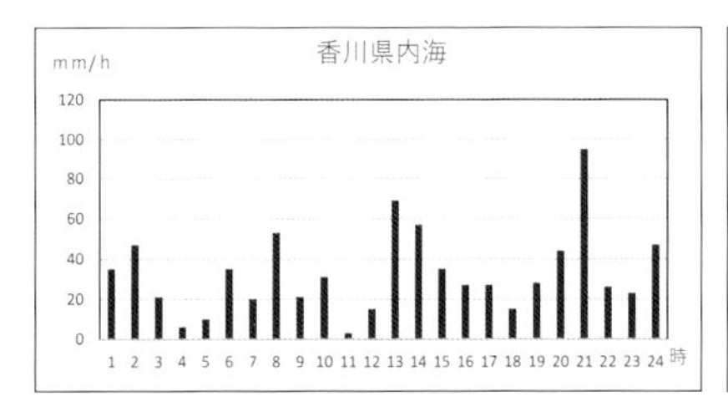

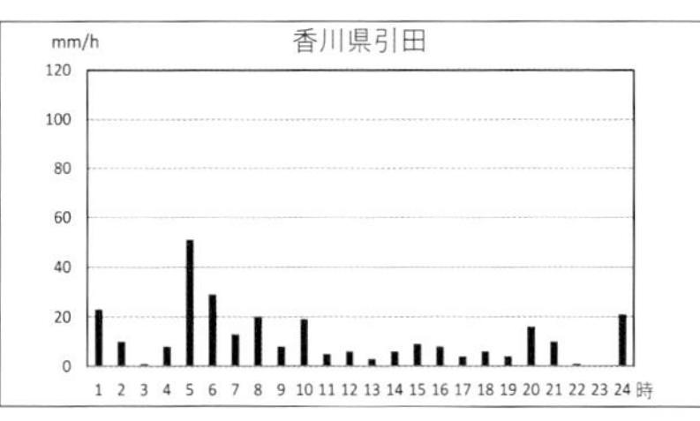

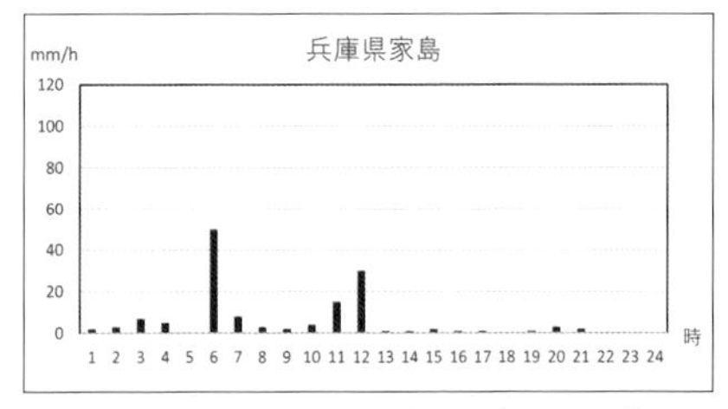

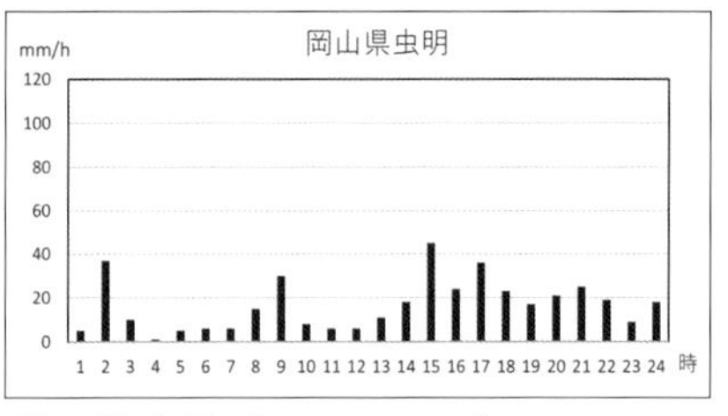

図30　昭和51年９月台風17号の降水量（11日その２）

出典：気象庁「過去の気象データ」

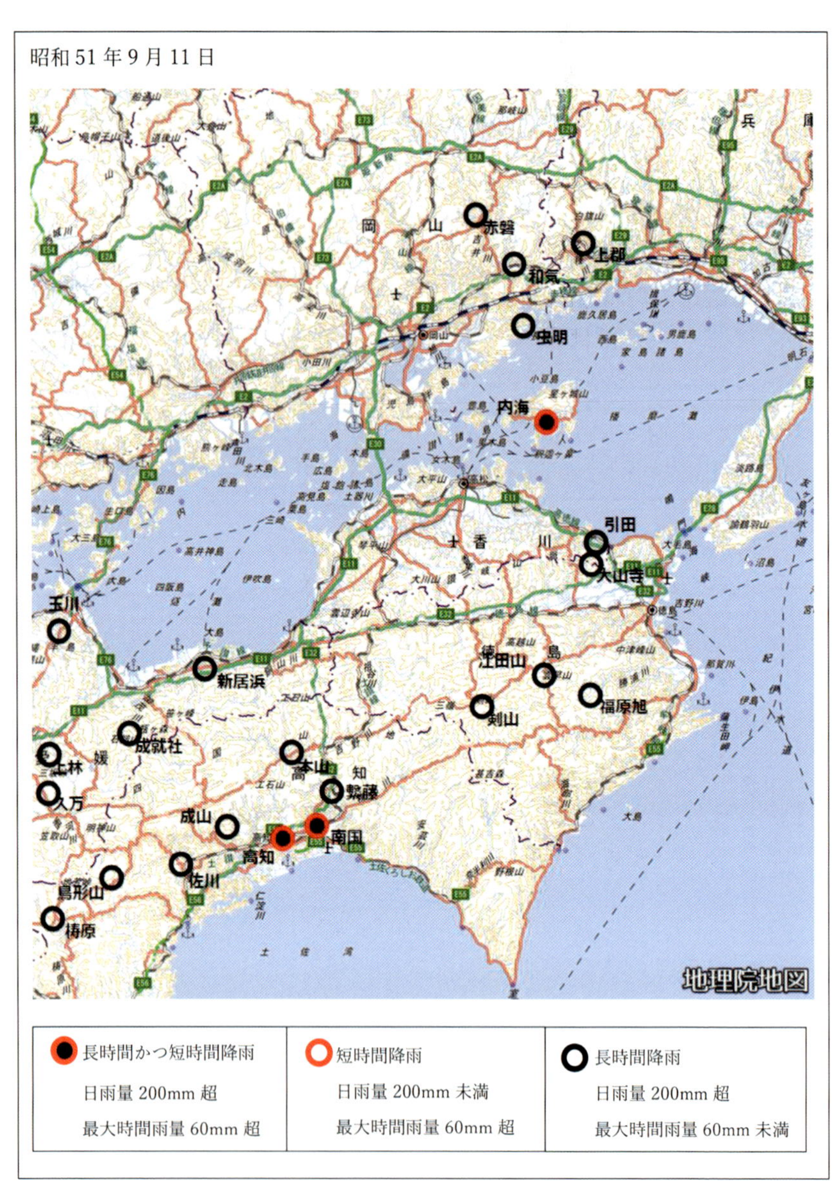

図31　昭和51年9月台風17号の降雨特性（11日）

iv）12日の雨

12日は四国中部で激しい雨となった。高知県の高知、成山、佐川、南国、本山、繁藤、徳島県の福原旭、愛媛県の成就社では日雨量300mmを超える雨が降った。とくに高知では524.5mm、成山では458mmを観測した。

時間雨量は高知で89.5mmを観測し、そのほかでは高知県の佐喜浜で66mm、室戸岬で62.5mmを観測したが、60mmを超える雨はこれらの地点以外ではなかった。

ただ、この日の雨は豪雨が数時間続いたことが特徴で、高知では16時に47.0mmの降雨をみた後、18時に89.5mm、19時に39.0mm、20時に69.0mm、21時に49.5mmと、40mm前後から90mm近い雨が5～6時間にわたって降っている。佐喜浜でも8時から11時にかけて43mm、53mm、51mm、66mmと強い雨が4時間続き、室戸岬でも同じ8時から11時にかけて59.5mm、56.0mm、62.5mm、37.5mmの強い雨が続いた。

徳島県の福原旭でも9時から11時にかけて52mm、56mm、32mmと強い雨が続いた。

40～80mm超の雨が4～5時間続いた例は10日の家島でもみられたが、このような時間40～60mm、多い時間には90mmという豪雨が4～5時間続くことは、とくに前線に台風が影響した場合にはまれなことではないことがわかる。

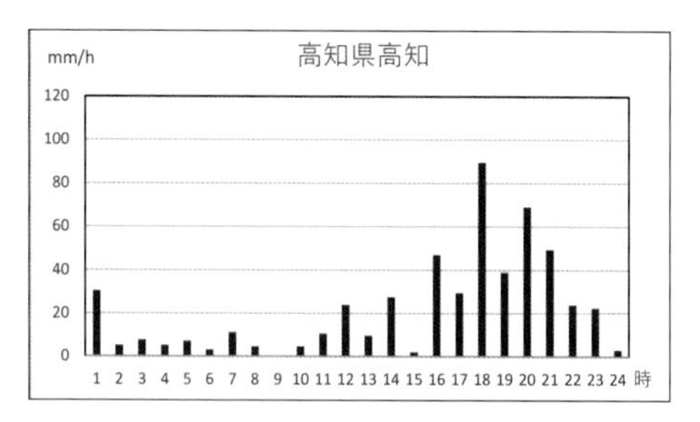

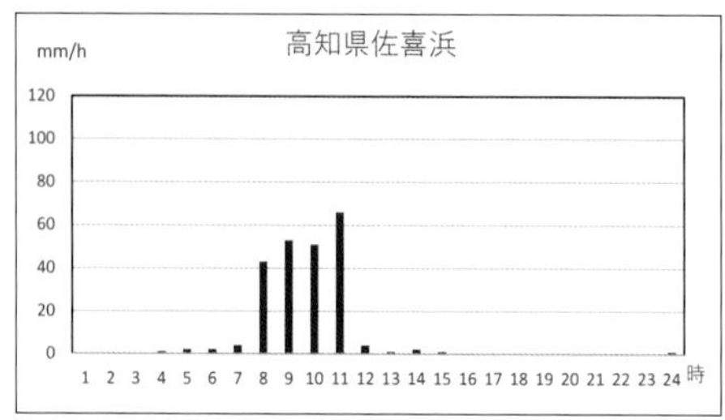

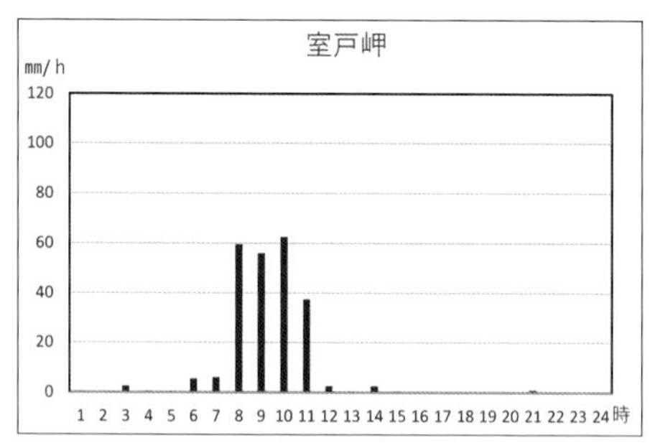

図32　昭和51年９月台風17号の降水量（12日）

出典：気象庁「過去の気象データ」

図33　昭和51年9月台風17号の降雨特性（12日）

ⅴ）被害の状況

この雨による中四国および近畿地方の被害（破堤、有提部溢水、洗掘、流出）をみると、一級河川では、山口県を除く中国地方と四国の愛媛県、高知県、近畿の京都府、兵庫県で被害が生じており、千代川（鳥取県）、高津川（島根県）、吉井川（岡山県）、芦田川、太田川（広島県）、肱川（愛媛県）、仁淀川、物部川（高知県）、由良川（京都府）、揖保川（兵庫県）の10河川に及んだ。

また二級河川で破堤や溢水が生じた河川は、岡山県４、広島県５、徳島県８、香川県17、愛媛県12、高知県５、京都府２、兵庫県４、和歌山県４となっており、一級の支川や準用、普通河川のそれは岡山県50、広島県40、徳島県41、香川県44、愛媛県44、高知県29、京都府10、兵庫県35、和歌山県３に及んでいる。なお、鳥取県、島根県、山口県、滋賀県、大阪府、奈良県では破堤や溢水による二級河川の被害はみられず、一級の支川や準用、普通河川のそれも、それぞれ３、２、１、４、１、４河川であった。

被害があった一級河川の流域面積は、最も広い吉井川が2,110 km^2、次いで由良川1,880 km^2、太田川1,710 km^2、仁淀川1,560 km^{2}となっており、一級河川といっても流域面積は広くない。中四国や近畿西部には大河川が少ないとはいえ、二級河川や一級の支川、準用、普通河川の被害の多さを含めて、中小規模河川の被害の多さが目立っている。

⑵ 岐阜の状況

中四国で豪雨を降らせた昭和51年９月の台風17号は、岐阜県の長良川流域でも水害をもたらした。

８日午後から降り出した雨は、夜になって岐阜や美濃、八幡、蕪山で時間40 mm を超える雨となり、とくに岐阜では23時に86.0 mm の雨を観測した。この雨は日付が変わった９日の未明まで降り続き、八幡では１時に51 mm、３時には岐阜で40.5 mm、白尾山で50 mm の雨を観測し、夜明け前に小降りとなった。

10日の夕方からは大日岳、樽見、権現山などで雨が強まり、大日岳では20時と23時にそれぞれ62 mm、51 mm、樽見では20時に40 mm、権現山で24時に45 mm の雨を観測している。

さらに11日には６時に八幡で47 mm、14時に上石津で40 mm の雨があり、夜からは20時に八幡で40 mm、21時から22時に大垣で50 mm、56 mm、23時から24時には美濃で51 mm、49 mm、八幡でも24時に42 mm の雨を観測した。

12日は上石津で３時に40 mm の雨、13日は樽見で43 mm の雨があったが、12日夜には雨は治まっている。

日雨量をみると８日は岐阜で219.0 mm、９日は岐阜、美濃、八幡で201.5 mm、221 mm、301 mm、10日は大日岳、樽見、関ヶ原で308 mm、237 mm、215 mm、11日には美濃、八幡、蕪山、白鳥、白尾山、大垣、上石津で269 mm、397 mm、242 mm、212 mm、213 mm、317 mm、244 mm となっている。

このように時間60 mm を超えるような雨は岐阜（８日23時86.0 mm）、大日岳（10日20時62 mm）だけであり、50 mm 超の雨でも八幡（９日１時51 mm）、白尾山（９日３時50 mm）、大日岳（10日23時51 mm）、大垣（11日21時50 mm、同22時56 mm）、美濃（11日23時51 mm）と、とくに強い雨を観測したわけではないものの、12日10時半頃、安八町大森地先で長良川右岸が破堤した。この理由については、８日の午後から12日朝までの３日半にわたって長く雨が降り続いたこと、および直上流の八幡、美濃、岐阜、大垣で11日の夜遅くから強い雨が降ったことなどが原因として考えられている。なお、大垣では12日の８、９時は欠測であり、破堤の直前に安八町付近でも強い雨が降った可能性がある。

なお、この雨の雨域についてみると、８、９、12日の雨は概ね長良川の上・中流域、11日の雨は揖斐川流域であり、範囲はそれほど広くはない。

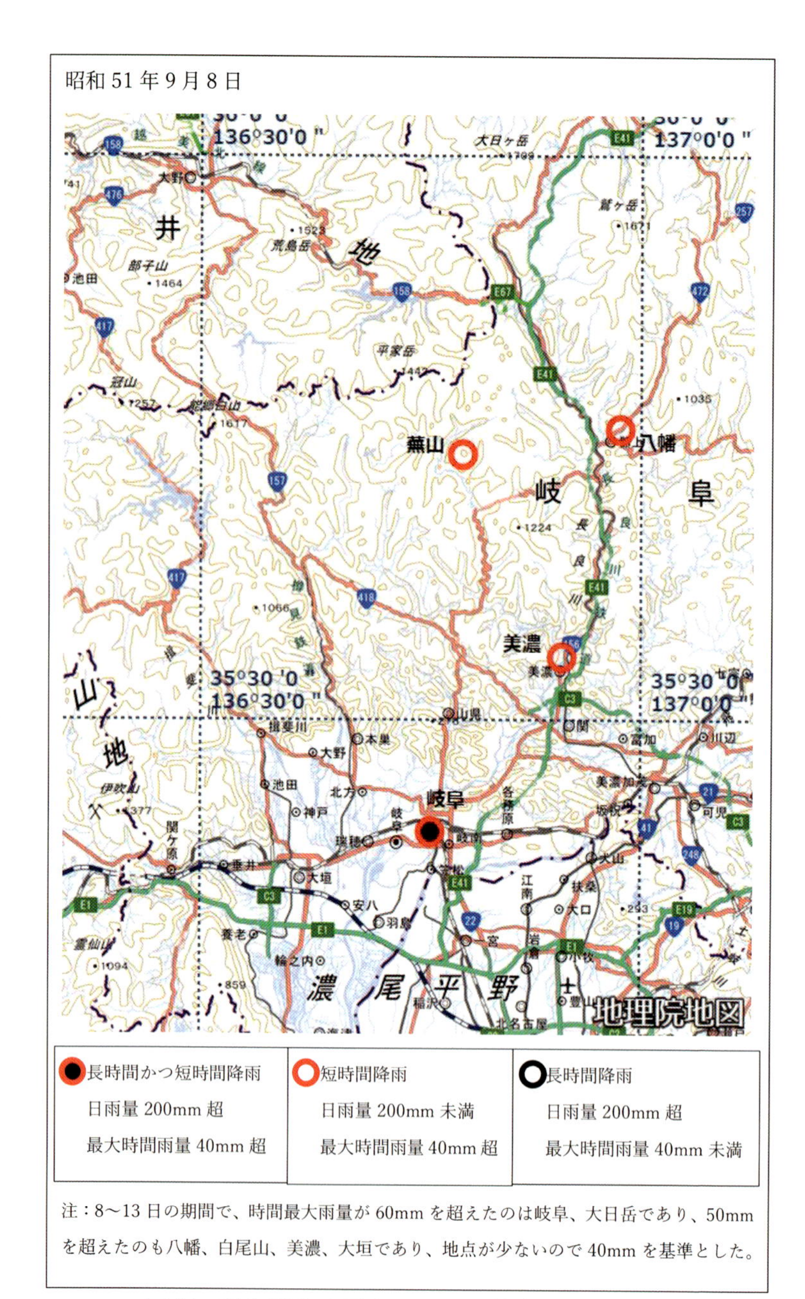

図34　昭和51年９月台風17号　岐阜の雨（８日）

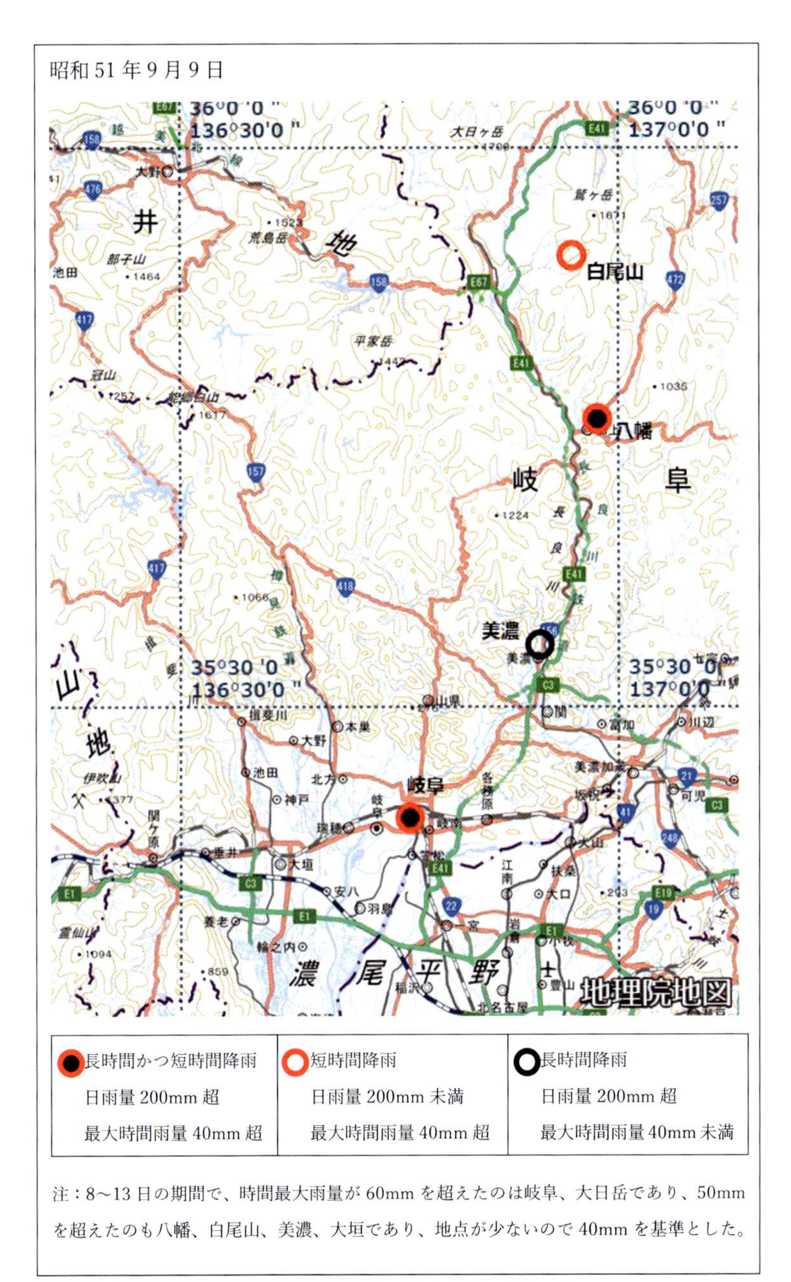

注：8～13 日の期間で、時間最大雨量が 60mm を超えたのは岐阜、大日岳であり、50mm を超えたのも八幡、白尾山、美濃、大垣であり、地点が少ないので 40mm を基準とした。

図35　昭和51年９月台風17号　岐阜の雨（９日）

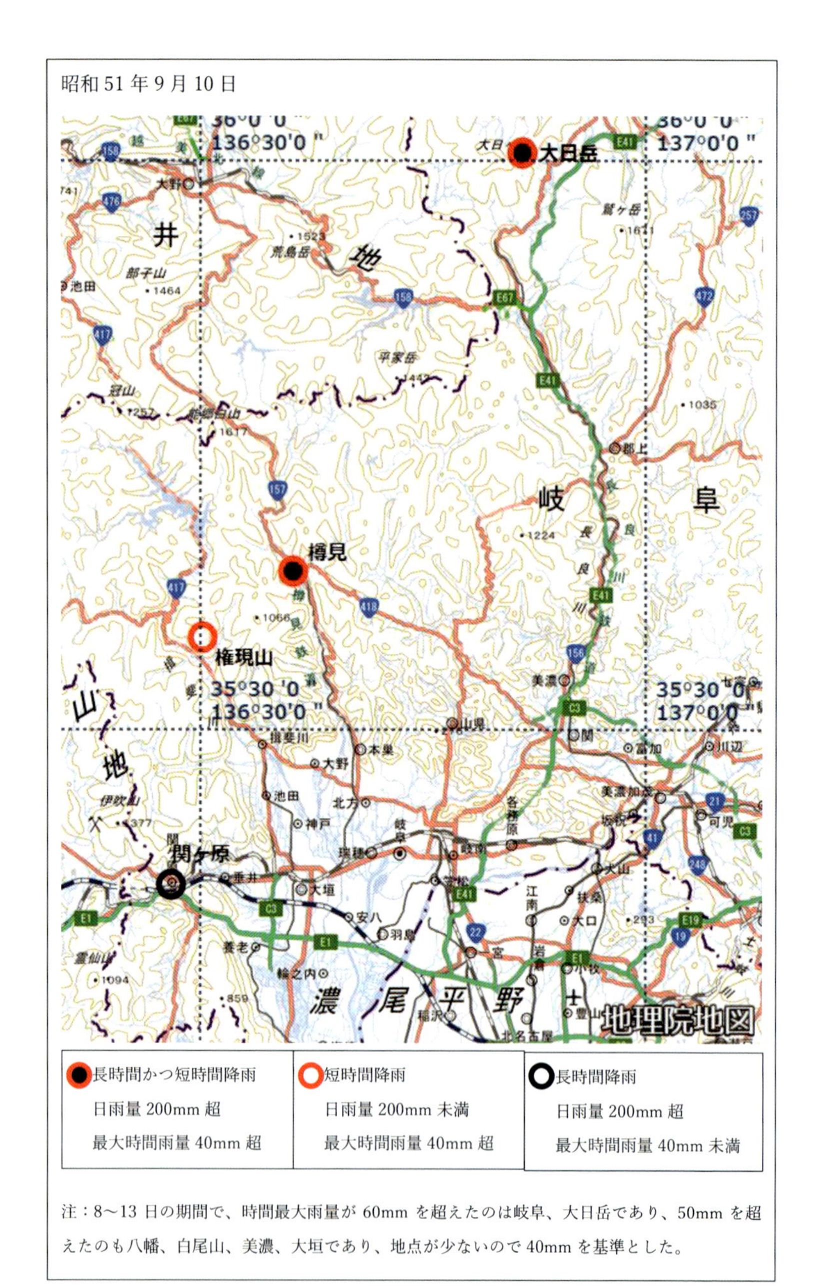

図36　昭和51年9月台風17号　岐阜の雨（10日）

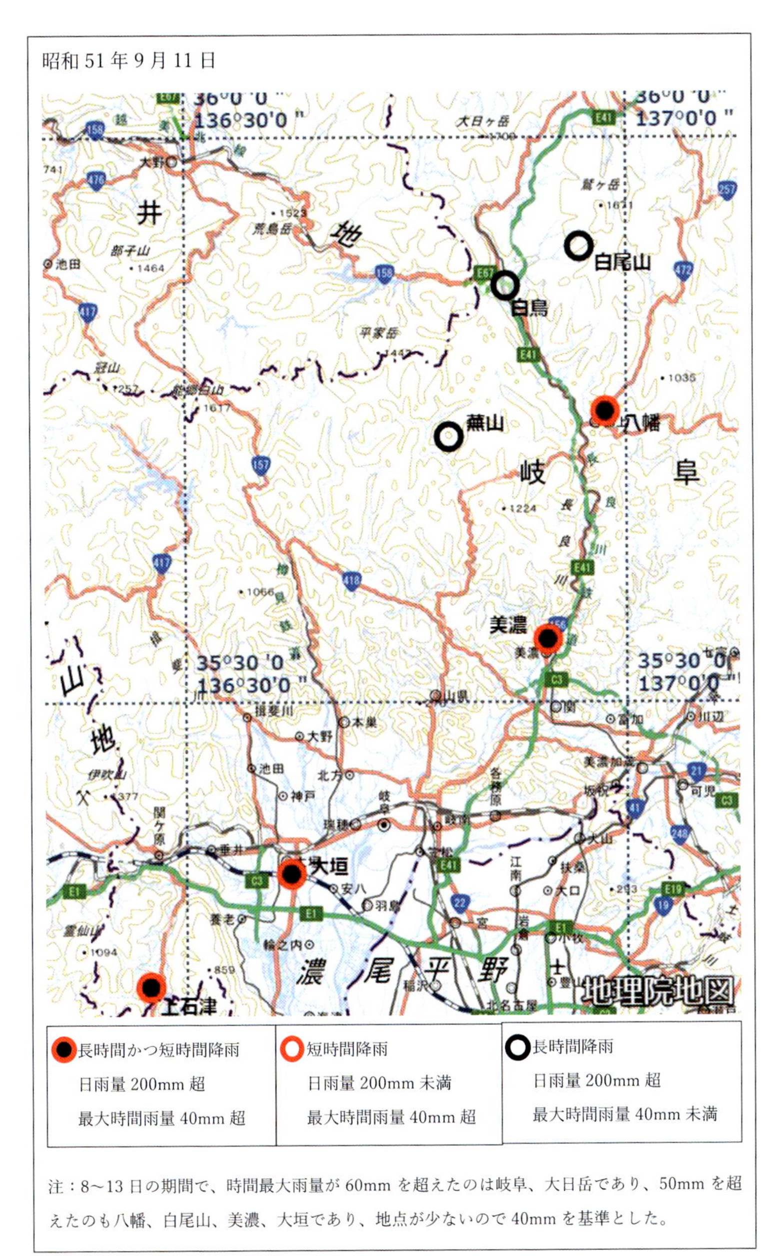

図37　昭和51年9月台風17号　岐阜の雨（11日）

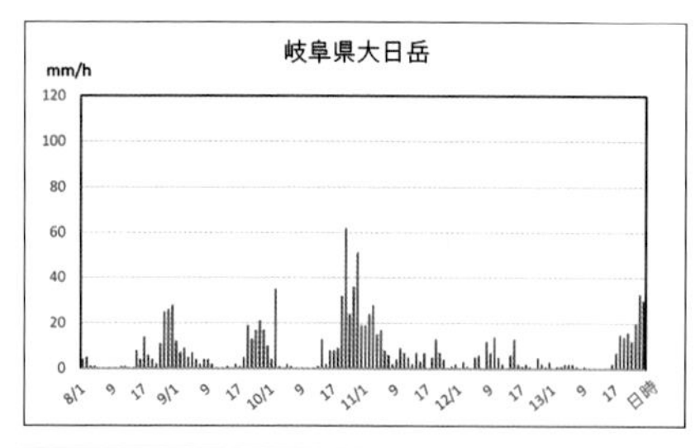

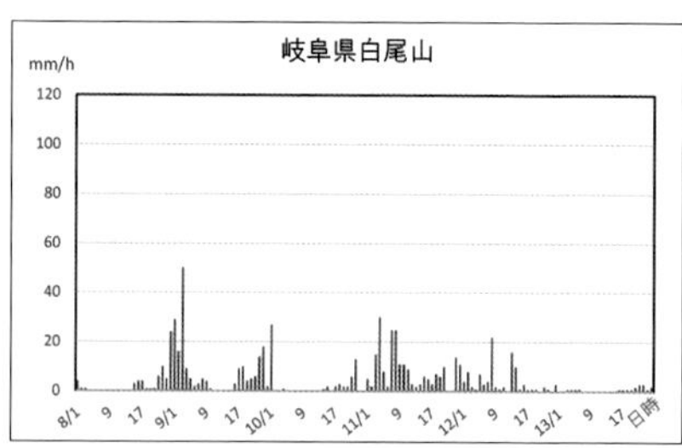

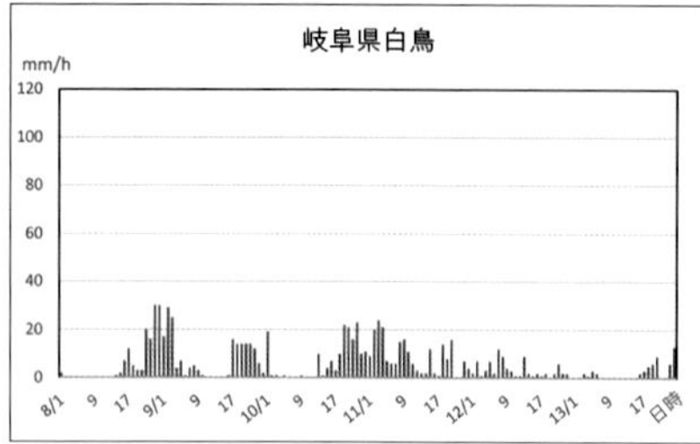

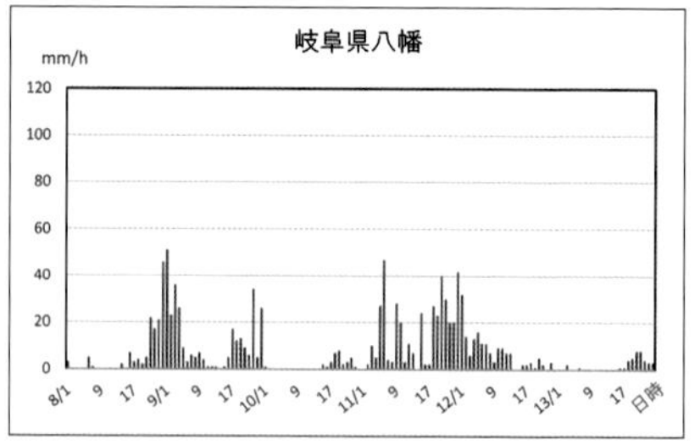

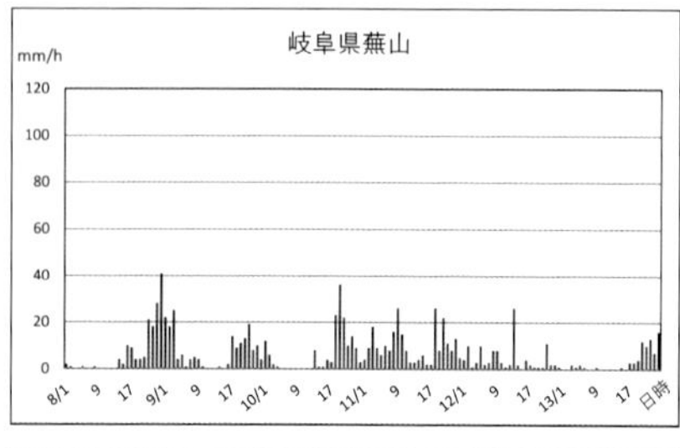

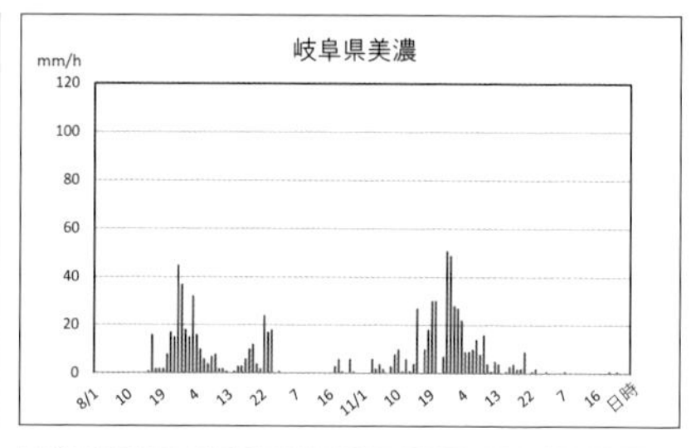

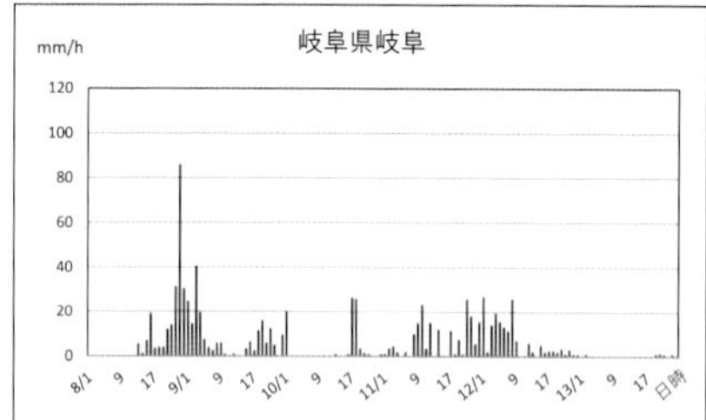

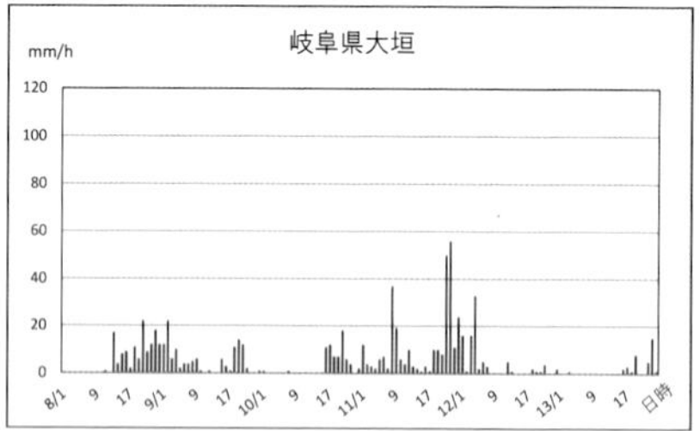

図38　昭和51年９月台風17号の降水量（８日～13日）

注：白尾山10日23、24時、11日21、22時、白鳥11日21、22時、12日21、22時欠測
　大垣12日８、９、14、15、16、17、22、23時、13日20、21時欠測。

出典：気象庁「過去の気象データ」

⑶ まとめ

前線を伴う停滞型の台風は、日雨量が多く、かつ数日続くことがわかる。このため、時間雨量40 mm前後の雨も頻繁にみられる。しかし時間60 mmを超えるような雨は中四国では8日に2地点（郡家、佐川）、10日に3地点（引田、家島、福良）、11日に3地点（内海、南国、高知）、12日も3地点（高知、佐喜浜、室戸岬）であって、継続時間も10日の家島を除いて1時間であった。

また岐阜でも60 mmを超える雨は8日の1地点（岐阜）、10日の1地点（大日岳）だけであり、継続時間も1時間であった。

このように、広い範囲にわたって、長時間雨を降らせる停滞型の台風であっても、時間60 mmを超えるような豪雨は、長時間降り続かないことがわかる。時間60 mmを超えた豪雨の継続時間は、最大でも家島の3時間であり、線状降水帯の降雨とあまり変わらない。

豪雨域についても線状降水帯と同じような広さであり、ほぼ同時刻にピークの雨をみた11日の高知県南国〜愛媛県内海間の距離は約120 kmである。

一方、40 mm/h前後の雨は比較的頻繁に降っており、かつ広い範囲に及んで長く降り続くことを考えると、貯留で対応することは難しく、流下によって排除する方が妥当であり、40 mm/h程度の雨については河道で対応することが望ましい。

一方、50〜60 mm/hを超えるような雨は頻度も少なく、継続時間も数時間程度と考えられることから、遊水地等で貯留することで河道への負荷を軽減し、経済的にも時間的にも負担の大きい、大規模な河川改修を回避することが適切と思われる。

40 mm/h程度の雨に対応するといっても、このような雨が流域全体に降っても、これに耐える能力をもつ中小河川は、現実にはほとんどない。

中小河川の流域は個別性が強く、河川勾配などの河川条件、周辺の土地条件、あるいは土地利用など、それぞれ異なっている。これらの異なる特性を考慮しながら、どのような降雨に対応すべきなのか、例えば雷雨や短時間の線状降水帯なら、やや強い〜強い雨に対応した20〜30 mm/h 程度の河道整備＋遊水地、台風や梅雨、秋雨前線にともなう線状降水帯なら、40〜50 mm/h 前後の河道整備＋遊水地などを、流域ごとに検討することが望まれる。なお、前者のように、河道や遊水地での対応が制限される場合には、土地利用上の対応が必要になる。

Ⅲ. 浸水被害はどのように起き、どう対処すべきなのか

1. 集中豪雨

(1) 集中豪雨の名称

集中豪雨という言葉が初めて使われたのは、1953年8月の南山城豪雨に対してであった。この豪雨は関東南部から東海、山陰に伸びる寒冷前線に、南海上の台風から湿った空気が流れ込んだため、京都府南部、滋賀県南部、三重県、奈良県で14日夜から15日朝にかけて雷を伴う豪雨をもたらした。とくに京都府の相楽、綴喜地方では午前1時から5時過ぎまで激しい雨が降り、和束町湯船では総雨量428 mm、時間雨量100 mm に達する雨となった。この雨で綴喜郡井手町の大正池の堤防が決壊するなど、相楽、綴喜地方で死者・行方不明者336人、重傷者1,366名、被災家屋5,676戸の被害が発生した。この豪雨は荒廃したマサ土（風化花崗岩）を襲ったことから、山地崩壊や土砂流出による被害が大きかった。

時間雨量100 mm を超えるような雨はその後も各地で続き、1957年7月の諫早豪雨（長崎県瑞穂町西郷＝現雲仙市瑞穂町西郷で144.0 mm)、1968年8月の飛騨川豪雨（岐阜県郡上郡美並村で114 mm)、1982年7月の長崎大水害（長崎県長与町で187 mm：日本歴代最多）などがあり、集中豪雨の名称が広く知られるようになった。

(2) 諫早豪雨、長崎大水害

このうち諫早豪雨と長崎大水害は、傾斜地の土石流による被害のほか、市街地を流れる本明川（諫早市)、中島川（長崎市）が氾濫し、市内の被害だけで、それぞれ死者519人、257人、行方不明67名、5名をだす大惨事になった。本明川、中島川はそれぞれ流域面積249 km²、17.9 km²という極めて小さい河川であり、集中豪雨に対する市街地の中

小河川の脆弱性を再認識する契機となった。

この水害を受けて、本明川上・中流部（市街地部）では40 m であった川幅を60 m に広げる拡幅工事が行われ、中島川でも上流におけるダムの建設と河道拡幅が行われた。とくに中島川に架かる眼鏡橋は国の重要文化財であり、一部流出にとどまった眼鏡橋は袋橋、桃渓橋とともに現地に保存（復元）することになり、この間の河川は両岸にバイパスを作ることで流下能力を確保することになった。

２．自然堤防帯の浸水被害

⑴ はじめに

自然堤防帯は狭義の氾濫原であり、浸水被害が起きやすい場所であるが、水害統計でみると、一級河川の破堤等に伴う浸水被害は狭窄部や盆地下流での被害が多く、自然堤防帯や河口域での被害は少ないという結果が得られた。自然堤防帯や河口域での被害は少ないという理由は、先にも触れたように、それが河口部に近ければ近いほど排水先（海）が得やすくなることから、瀬替や分離・分流、放水路、捷水路などの河川工事上の対策が立てやすく、それによる効果も大きかったためと考えられる。

しかし、河口部から離れた自然堤防帯、なかでも大河川に流入する中小河川では、平成16年、23年の新潟・福島豪雨における信濃川水系五十嵐川、刈谷田川、平成27年９月関東・東北豪雨における利根川水系鬼怒川、平成30年７月西日本豪雨の高梁川水系小田川などにみるように、破堤等による浸水被害が近年でも発生している。

ここではその例として、後者の２例を取り上げて、被害状況を検討する。

⑵ 利根川水系鬼怒川：常総市（平成27年９月関東・東北豪雨）

ⅰ）降雨の状況

関東・東北豪雨災害をもたらした豪雨は、台風18号から変わった温帯低気圧に流れ込む南よりの風などにより、多数の線状降水帯が次々に発生したことによってもたらされた。豪雨域は９日から10日にかけて栃木県から宮城県に移動し、とくに鬼怒川上流の日光市で激しい雨を降らせた。

一方、鬼怒川が破堤した常総市近傍の下妻では、９日の18時に48.0mm、18～20時の３時間で79.0mm、翌日の10日５時に19.0mm、４～６時の３時間で45.5mmの降雨であり、激しい降雨に見舞われたわけではない。

ⅱ）水害発生の経過

上流で集中的な豪雨をみた鬼怒川流域では、下流の常総市で破堤を含む大きな被害が生じた。関東地方整備局河川部下館河川事務所「記者発表資料」を参考に、破堤の経緯を追うと以下のとおりである。

①平成27年9月10日午前6時過ぎから茨城県常総市若宮戸地先（左岸25.35km付近）で越水が発生したのをはじめ、上流の40〜46kmの区間でも越水2件、漏水2件が発生した。
②10日12時50分には常総市三坂町地先（左岸21km付近）で堤防が決壊した。

破堤後の濁流は自然堤防を突き抜けて、鬼怒川・小貝川の自然堤防にはさまれた後背湿地のほぼ中央に流れ出し、関東鉄道常総線を越えて国道294号、さらには街道沿いに南北に一列に連なる三坂新田の集落をのせた自然堤防に至り、さらに南下したものと思われる。水田上の泥の堆積状況をみると、関東鉄道まで、国道までの順に徐々に堆積が薄くなっており、八間堀川の右岸付近では泥の堆積はわずかになる。

越流水が流下していく経緯は、国土地理院の調査（「平成27年9月関東・東北豪雨に係る茨城県常総地区推定浸水範囲」）によれば以下のとおりである。

③越水および破堤による濁水は、鬼怒川と小貝川にはさまれた低地を流下し、10日18時時点では、鬼怒川と小貝川を結ぶ県道土浦坂東線に達した。
④翌11日10時には、濁水がつくばみらい市との境界付近にまで達し、13時には守谷市との境界まで達している。
⑤八間堀川沿いや小貝川の湾曲部では、16日10時になっても水が引かず滞留している。

iii）被災地域の土地条件

被災した地域は、鬼怒川と小貝川にはさまれた氾濫原であり、鬼怒川と小貝川の分離工事（寛永６年）後に、新田開拓のための排水路として開削された八間堀川沿いの地域である。このような地形条件をもつ当該地域は鬼怒川・小貝川の水位上昇に伴う内水災害の常襲地であった。このため、昭和49年に八間堀川の鬼怒川との合流点に逆流防止水門が設けられ、55年には排水機場が設置された。

土地条件図をみると鬼怒川左岸には河岸に沿って自然堤防が分布し、小貝川右岸にも自然堤防が細長く連続している。また後背低地下流の中央部にも、八間堀川に沿って南北に線上に延びた自然堤防がある。

標高は南方向、すなわち小貝川の湾曲部に向かって低くなっていて、今回の水害では、この部分には濁水が長く滞留した。

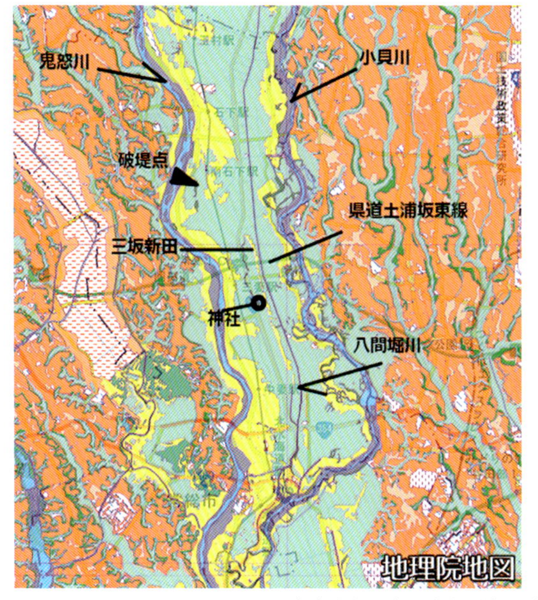

凡例

	山地傾斜面等
	台地・段丘（更新世）
	台地・段丘（完新世）
	凹地・浅井谷
	自然堤防
	谷底平野・氾濫平野
	後背低地
	旧河道
	高水敷・低水敷
	高い盛土地
	盛土地・埋立地
	切土地

図39　鬼怒川・小貝川下流の土地条件

ⅳ）被害の状況

常総市の住家の被害は、全壊51、大規模半壊1,452、半壊3,520、床上浸水100、床下浸水2,996に及んだ（茨城県災害対策本部「平成27年９月関東・東北豪雨による本県の被害および対応について」〈12月11日16時現在〉)。人的被害は死亡２名、重症３名、中等症21名、軽症20名であった（同上：10月27日16時現在)。

破堤による水害であったことから、全壊・大規模半壊・半壊といった甚大な住家被害が多く発生したことが特徴であり、このこともあって昼間の破堤であったにもかかわらず、人的被害も大きかった。

一方、浸水深の深いエリアが広く分布したにもかかわらず、住家の被害は床上浸水に比べて床下浸水が多かった。これは多くの住家が自然堤防上に分布していたためと考えられる。

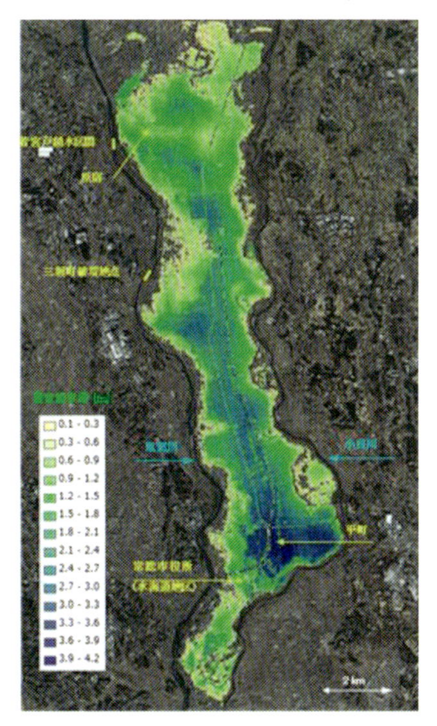

図40　常総市の推定浸水深

出典：京都大学防災研究所　佐山敬洋、東京理科大学理工学部　大槻順朗、永野博之、二瓶泰雄「平成27年関東・東北水害　鬼怒川氾濫による常総市周辺の浸水深分布調査（第二報）」平成27年10月27日

破堤による氾濫水が直撃した自然堤防部分では家屋の流出や倒壊、基礎部分の洗掘など甚大な被害がでた。一方、下流の後背低地は水田が広がっており、田面や用水路には泥が堆積し、常総線の軌道や国道294号を経るにしたがって厚さは減少していくものの、泥流が流れた跡が広がっている。

さらに下流には南北に線状に延びた自然堤防上に位置する三坂新田の集落がある。ここでは浸水はあったもの、家屋の流出や倒壊、基礎部分の洗掘など甚大な被害の痕跡は、外見的にはみられない。破堤地点からはやや距離があり、自然堤防上の微高地であることのほか、破堤箇所と集落の間に軌道や国道が通っており、これらが濁流の勢いを一定程度防いだ可能性がある。反面、背後には八間堀川の堤防があり、これが浸水深を深くした恐れがある。

図41　三坂新田町の生垣に残された浸水跡
(腰高まで浸水したことがわかる)

さらに下流の県道土浦坂東線では、歩道と水田の境界に設けられたガードパイプが下流側になぎ倒されており、この道路の上流や下流ではコンクリート製の農業用水U字管が流されて散乱している。この区間は国道294号の西側に圏央道のインターチェンジや県道土浦坂東線の盛土部分があり、流下する幅が狭められていて、このことが水の勢いを強めた可能性がある。

しかし水田の中央に位置する神社はほとんど損傷を受けておらず、水勢にもよるが基礎が洗掘されなければ建物の流失や倒壊が防げる可能性があることを示している。

図42　なぎ倒されたガードレール
（県道土浦坂東線）

図43　流された灌漑用U字管
（右下のU字管の延長部分が流されて散乱している）

図44　水田の中央にある神社（上流側から）

v）都市計画（区域区分）との関係

常総市の都市計画を鬼怒川左岸についてみると、旧水海道市域は区域区分（いわゆる線引き）がなされており、市街化区域は水海道駅周辺と中妻駅周辺の概ね自然堤防部分に設定されている。旧石下町については用途地域が石下駅周辺に指定されており、これも概ね自然堤防上に設定されている。

市街化調整区域にも集落が分布しているが、これらは前述の通り、鬼怒川・小貝川沿いの自然堤防のほか、三坂新田、沖新田、中新田等の集落をのせる南北に線状に延びた細長い自然堤防上に主に分布しており、後背低地は広く水田になっている。

土地条件に応じた土地利用がなされ、市街化区域や用途地域の設定も土地条件にかなったものであったにもかかわらず、3,000近くの住家が床下浸水に見舞われた。市街化区域が後背低地を含めて設定され、宅地化が低地部分にも及んでいたら、被害は甚大なものになっていたであろう。

河川整備によって水害の頻度が少なくなってきたとはいえ、堤防だけでは水害を防ぐことはできないことを今回の水害は示している。水害が起きやすい地域が市街化区域に含まれている場合には、市街化区域の縮小（いわゆる逆線引き）を行うなど、土地利用を含めた総合的な対応が求められる。

vi）建築・不動産行政との連携の必要性

浸水の建物への影響をみると、浸水だけであれば家屋や家財の冠水や損傷等の被害で済むことが多いが、氾濫に伴う激流が襲った場所では、家屋の流失や傾倒、基礎部分の洗掘などがみられる。

図45　氾濫に伴う激流で１階部分が破壊され、流された住宅

図46　基礎が洗掘された住宅（破堤点上流側）

図47　基礎が洗掘され傾いた住宅（破堤点下流側）

激流の直撃を受けたと思われる建物の中でも、流失を免れた建物もある。この建物は鉄骨系プレハブ住宅で、約１ｍ間隔で施工された鋼管杭で支持されていたため、洗掘は受けたものの、流失を免れている。

図48　決壊地点近くで流出を免れた鉄骨系プレハブ住宅（奥の白い建物）

図49　鉄骨系プレハブ住宅の基礎部分

出典：新潟大学　災害・復興科学研究所「『平成27年９月関東・東北豪雨』による茨城県常総市内の越水・破堤被害　常総市上三坂地区」

水害が起こりうる地域では、敷地の盛土のほか、洗掘や流出を防止するための基礎の強化など、建築基準法等による基準の強化や、土地取引・建築確認時における注意喚起等の対策も求められよう。

vii）排水先河川との関係

一般に本川の水位が上昇し支川に逆流してくることが予想されれば、放流口の水門を閉鎖してこれを防ぎ、ポンプ排水が行われる。さらに水位が上昇して本川への排水が不可能と考えられた場合には、排水機を止めて内水の排除を断念することになる。

八間堀川においても、鬼怒川の水位が上がったため、上流で決壊が起こった同時刻頃から10時間程の間、排水機場の運転停止が行われた。この結果、上流の破堤に伴う洪水流が排水されず、長期にわたる滞留が生じた。

同じ関東・東北豪雨でも、宮城県の鳴瀬川の支流多田川のさらに支流に当たる渋井川でも堤防が３箇所で決壊し浸水被害が生じた。この原因は多田川の水位上昇により渋井川の排水が困難になり、さらに多田川からの背水により渋井川の水位が上昇して決壊に及んだものと推定されている（東北大学災害科学国際研究所　呉修一、森口周二、林晃大、保田真理　同大学院環境科学研究科　小森大輔「平成27年９月鳴瀬川水系渋井川豪雨災害調査報告〈速報〉」平成27年９月17日）。

このように、本川の水位が支川以上に上昇すれば、逆流が生じて支川の排水が妨げられ、内水の排除に支障が起きるほか、最悪の場合には支川の堤防からの越流や破堤が生じることがある。

逆流防止水門が整備されていない場合はもとより、排水機がない、もしくはあっても作動できない状況になれば、内水災害が起きることになる。破堤に備えるだけでなく、内水に対する備えは、いずれにしても必要になるといえる。

viii）まとめ

自然堤防帯では破堤がなくても内水による浸水被害が起こりうる。このため浸水被害を受けやすい後背低地では、極力高度な土地利用を避けることが望ましい。市街化がすすんでいない郊外では、今後も市街化を抑制していくことが必要であり、市街化区域の見直しや建築確認時における注意喚起等の対応が求められる。

また破堤時に備えた基礎の強化など、耐震性の強化を含めて、後背低地に相応しい建築基準の設定も求められる。

⑶ 高梁川水系小田川：倉敷市真備町（平成30年７月西日本豪雨）

ｉ）概況

６月28日以降北日本に停滞していた前線が７月５日には西日本に南下して停滞していた。６月29日には台風７号が発生し、東シナ海を北上したのち、７月４日に日本海で温帯低気圧に変わった。この前線や台風の影響で、西日本を中心に広範囲に記録的な大雨がもたらされた。この雨によって、広島県では大規模な土砂災害が発生したほか、岡山県の高梁川支流の小田川や愛媛県の肱川流域で浸水被害が発生した。

ここでは小田川流域の真備町における浸水被害について検討する。

岡山県では、７月５日の朝から雨が降り始め、昼頃から強まり始めた雨が夕方にピークを迎えた。その後、雨はいったん治まったものの、６日朝から再び雨が降り始め、夕方から夜半にかけて雨が強まり、夜明け前には弱まったが、朝から午前を通じて再び強い雨が降った。

この雨の影響で、高梁川支流の小田川やその支流の末政川が決壊し、倉敷市で52人（真備町は51人）の死者をだす大惨事となった。倉敷市の住宅の被害も全壊4,645棟、半壊847棟、一部破損369棟（平成31年３月５日現在：岡山県）という大規模なものになった。

高梁川流域の降雨の状況は以下のとおりであり、降雨は３日にわたったものの、時間雨量はピークでも30mm 程度であった。

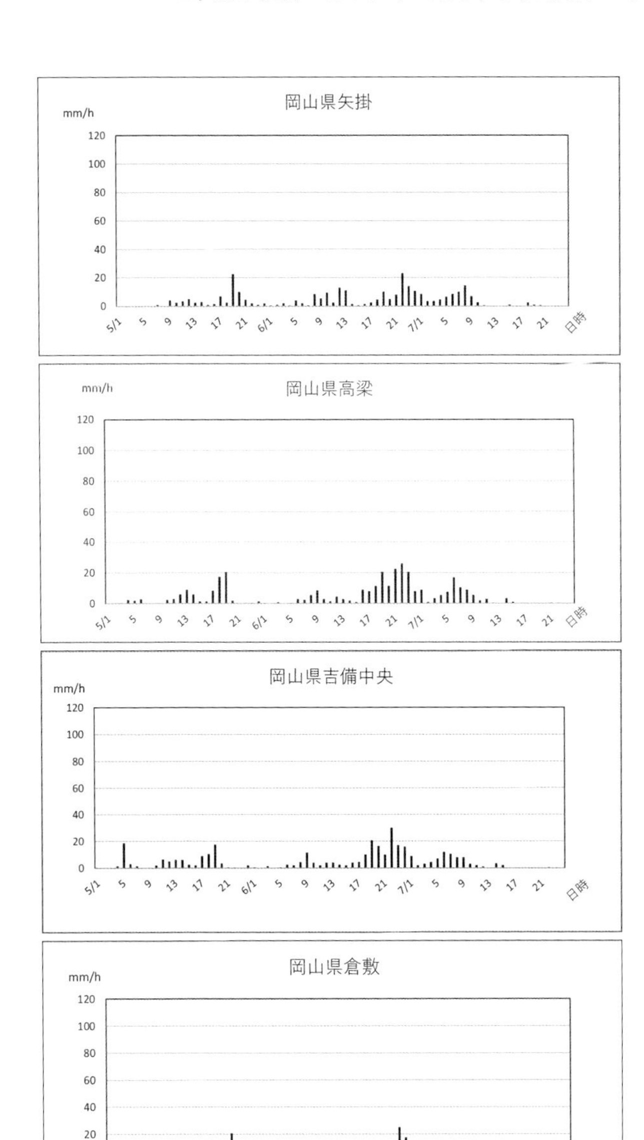

図50　平成30年７月豪雨の降水量（５～７日）

出典：気象庁「過去の気象データ」

ⅱ）水害の原因

破堤の原因としては、小田川の増水に加えて、長時間の降雨によって本川の高梁川の水位が上昇し、これが小田川に逆流するバックウォーターであると考えられている。

高梁川や小田川の堤防は堤内地に比べ6m程度高いとされ、これが決壊すれば、決壊地点では滝から流れ落ちるような激流が襲ったと思われる。しかも複数の地点で決壊が生じていることから被災地の水位も急激に上昇したと考えられる。

破堤地点が小田川では高梁川との合流点上流の6.4km、末政川でも小田川合流点から0.7kmの地点であることからもわかるように、小田川下流域は低平な地域であり、浸水は広い範囲に及んだ。また浸水深は深いところでは2階の屋根の高さに匹敵する5mに達したことから、逃げ場もない状況であったと想像できる。

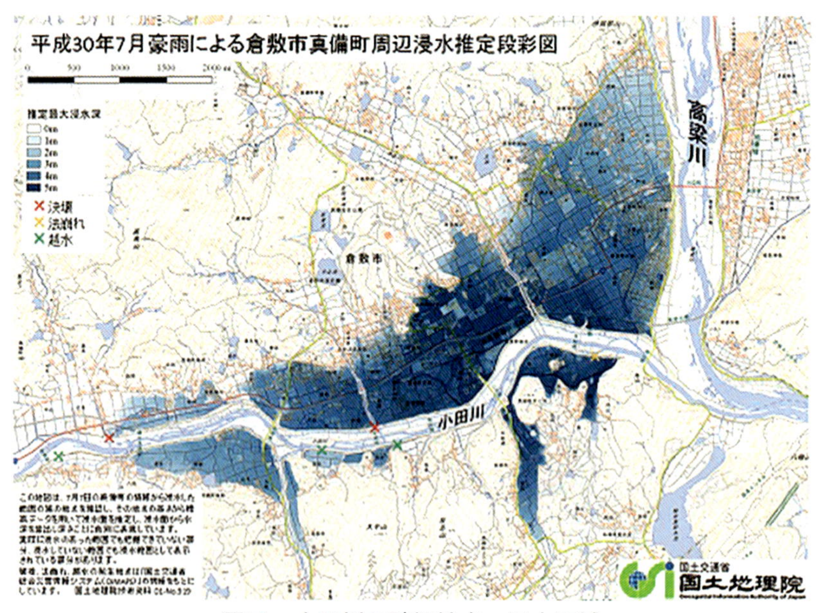

図51　小田川の破堤地点、浸水区域

出典：国土地理院「平成30年7月豪雨による倉敷市真備町周辺浸水推定段彩図」

iii）高梁川の特性

土地条件図にも表れているように、高梁川はもともと小田川合流後に東西２つに分派して瀬戸内海に注いでいた。明治26年10月に、主に下流の東高梁川流域を見舞った大洪水を契機に第一期改修工事が実施され、現在、柳井原貯水池になっている流路の締め切りと西高梁川（現在の高梁川）への一本化がなされた経緯がある。従来から高梁川は、上流のマサ土の流出が激しく、天井川になりやすい傾向をもっていたが、流路の一本化による洪水流の水位の上昇に対処するために、堤防の嵩上げが行われてきた。

図52　高梁川の河道

小田川下流域は従来から洪水の多発地帯であり、旧山陽道の宿場町である川辺集落は自然堤防上に築かれ、さらに神楽土手と呼ばれる輪中堤に囲われていた。豪族の岡田氏の陣屋がおかれた岡田の集落も神楽土手に囲まれていた。

このような土地利用であっても、改修工事の契機になった明治26年の水害では、高梁川が決壊し、川辺集落では182戸が流出したという。河川改修がすすみ、その後は高梁川本川の破堤はみられないが、堤防が高くなれば、小田川の破堤などによる被害は甚大になる。内水災害の場合でも、高梁川と小田川の堤防に閉塞された区域では、水が排除できないことから浸水被害が起こる。

そもそも本川の堤防を嵩上げすれば、上昇した水位に伴うバック

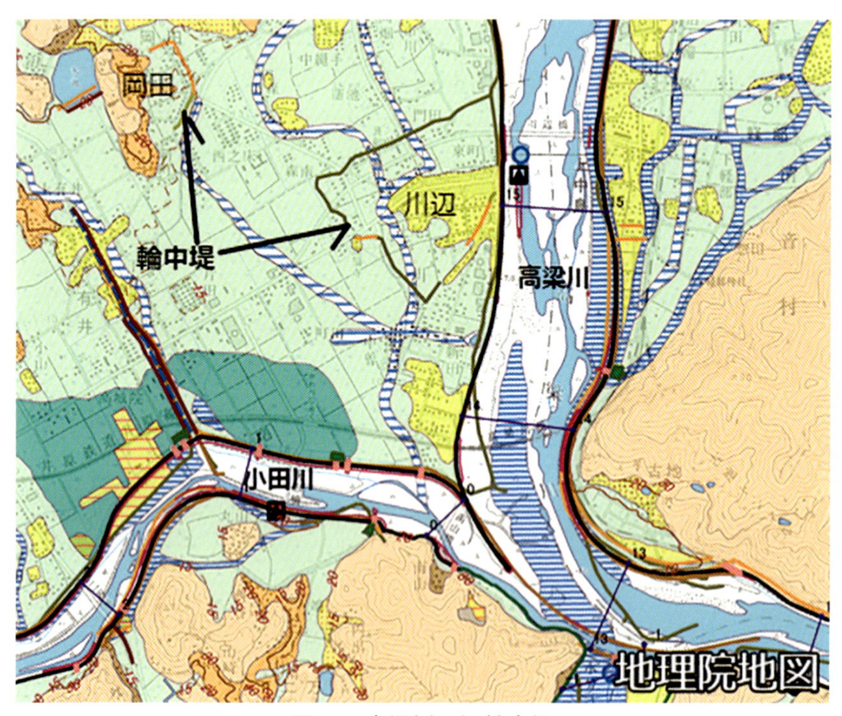

図53　高梁川の旧輪中堤

出典：国土地理院「治水地形分類図」

ウォーター（背水）によって、支川に逆流が生じることは充分想定できる。本川の堤防を嵩上げする場合には、支川の堤防についても、これに整合した整備が行われなければ、支川で破堤や溢水が起こることは目に見えている。

ⅳ）閉塞地における浸水防止対策

今日では高い堤防とポンプ排水によって水害の頻度は低下し、安全性が高まったようにみえるが、破堤が起こるなどポンプの排水能力を超える雨水が流れ込めば、堤防によって閉塞された地区では水が行き場を失い、深い浸水深が形成されて甚大な被害が生じる。

人工構造物によって閉塞された地域が浸水した事例は、平成12年９月の東海豪雨による庄内川や後述の天白川流域でも生じている。堤防のような人工構造物で閉塞された地域では、堤防の天端の高さまで水が押し寄せることを前提に、土地の利用を考える必要がある。

自然堤防帯では、自然堤防上に集落を築いたり、水塚・水屋にみるように、基礎の洗掘や浸水に対処する家屋の工夫がみられ、鬼怒川の水害においても、これらの有効性が確認できた。ただ、これらの工夫を行っても、５mに達する浸水に対処することはできない。当地で過去にみられた囲い堤を築けば、一定の効果が期待できる可能性はあるが、５mを超える囲い堤は日常生活に支障をもたらし現実的ではない。

高梁川の整備計画では、柳井原貯水池部分を河道として復活させ、小田川の合流点を下流に移すことを計画しているが、これによって高梁川の天井川の状態が解消されるかは不明である。一刻も早く堤防高の低下・天井川の解消が図られることが望まれる。

降雨の状況をみても、今回の降雨は集中豪雨のような極端な豪雨であったわけではなく、最大でも時間30mm程度の雨であった。停滞する台風や前線の下では、30mm前後の雨が降り続くことはまれなことではない。

線状降水帯や台風のスパイラルバンド、アウターバンドの降水域は、高梁川程度の流域であれば、スッポリ覆う広がりをもつ。これらの豪雨に対処するだけでなく、比較的頻繁に発生し、長時間降り続くことがある、少なくとも時間30mm程度の降雨には充分対応できるような整備が求められる。

⑷ 信濃川水系五十嵐川、刈谷田川

信濃川水系五十嵐川、刈谷田川では、前述したように平成16年、23年の新潟・福島豪雨において、破堤等による水害が生じた。このうち刈谷田川では、平成16年の災害の復旧事業によって遊水地が整備され、この効果もあって平成23年の豪雨時には氾濫を防止することができた。一方、五十嵐川では23年の豪雨に際しても、破堤が生じている（五十嵐川の遊水地計画は23年の災害復旧事業に取り込まれることになった）。

この２つの河川における被害の違いをみても、遊水地の効果が無視できないことがわかる。

3．市街地の浸水被害

⑴ はじめに

我が国の大都市は河口域に位置するものが多いが、なかでも東京、大阪、名古屋は、瀬替や分離・分流が行われてきたことから、大河川の直接的な影響を受けることは少なくなり、近年は大きな被害も報告されていない。

しかし局地的な浸水被害を免れているわけではなく、とくに、従来安全と思われてきた台地やそれを刻む河川域での浸水被害が注目されるようになってきている。また土地利用の高度化に伴って地下利用もすすんでおり、新しい形態の浸水被害も多発してきている。

ここでは台地部における浸水被害の事例として東京と名古屋を、地下の浸水被害の事例として福岡、京都を取り上げて検討する。

⑵ 東京区部にみる浸水被害の変遷

昭和50年代以降の東京区部の水害箇所をみると、50年代は石神井川や神田川、目黒川、あるいは旧谷田川などの台地を刻む谷底部のほか、荒川左岸の３区（足立、葛飾、江戸川）などに被害がみられる。

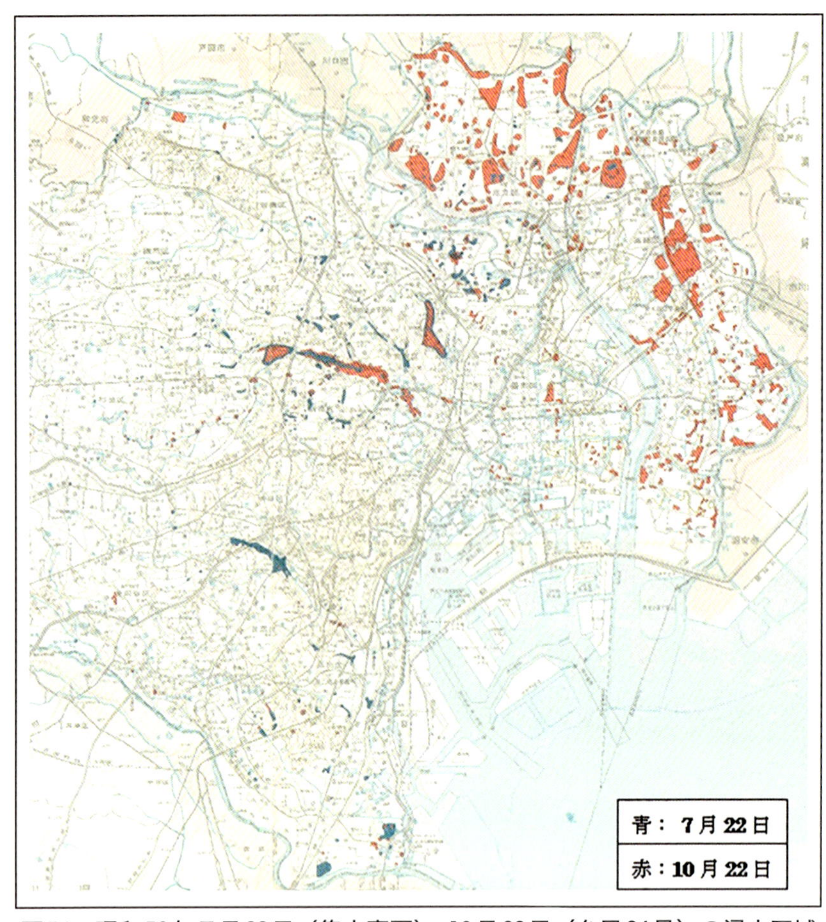

図54　昭和56年７月22日（集中豪雨）、10月22日（台風24号）の浸水区域

出典：東京都建設局「過去の水害記録」

60年代に入ると、荒川左岸の水害（浸水被害）は減少し、台地部の中小河川の谷底部や多摩川河口の自然堤防帯に被害が集中するようになる。荒川左岸の浸水被害の減少は、下水道の整備がすすんだためと考えられ、整備が最も遅れた足立区でも、61年8月4日（台風10号）による被害以降は広い範囲の被害はみられなくなっている。

東京都の下水道は、時間50mmの降雨に対応できるよう整備が行われてきており、低地部では下水道の整備の効果が表れて浸水区域が減少した一方で、谷底部では周辺からの雨水が集中するため、被害の軽減は難しかったと考えられる。

図55　昭和60年７月14日（集中豪雨）の浸水区域

出典：東京都建設局「過去の水害」

中小河川の谷底部の浸水被害に対しては、昭和55〜56年から石神井川や善福寺川で調節池が完成しはじめ、60年代には白子川や妙正寺川でも整備がすすめられた。

このような整備の効果もあって、平成元年以降の浸水被害は、神田川や古川などの谷底部のほか、立会川や多摩川河口の自然堤防帯に位置する品川区、大田区での被害が目立つようになった。

その後、目黒川では平成２年に最初の調節池の整備が完成し、神田川本川でも、平成19年に神田川・環状７号線地下調節池が完成した。また立会川や呑川流域でも整備が着手されている。

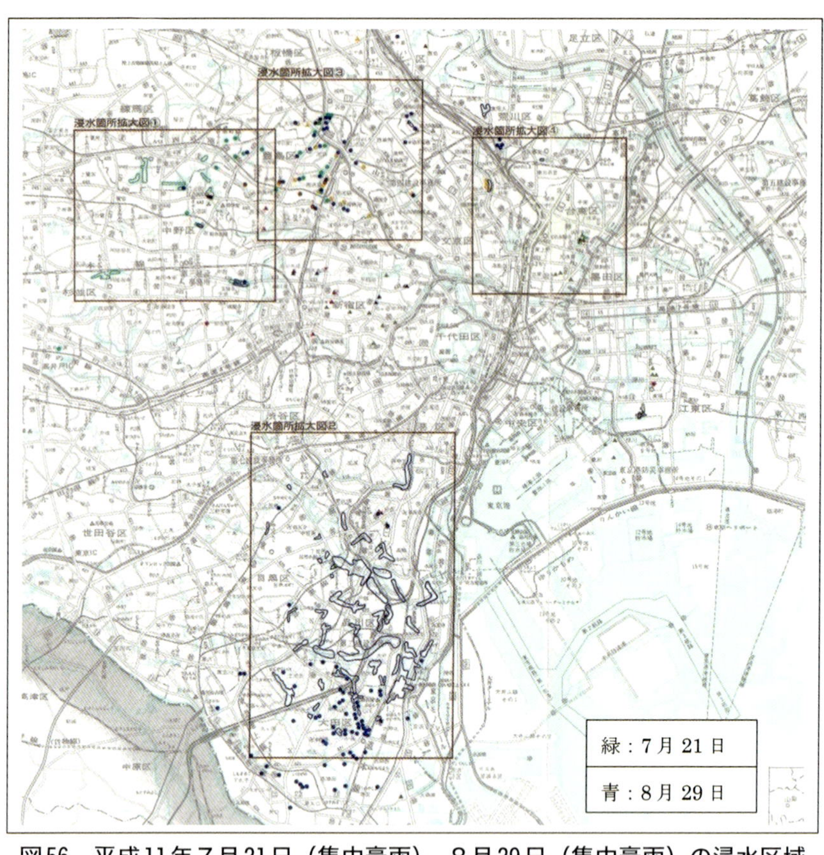

図56　平成11年7月21日（集中豪雨）、8月29日（集中豪雨）の浸水区域

出典：東京都建設局「過去の水害記録」

集中豪雨は雨域が局地的であるために、浸水被害は中小河川で発生しやすい。しかし降雨の継続時間は短いことから、短時間に発生するピーク流量さえカットできれば浸水被害を防ぐことができると考えられる。すなわち、河川や下水道の整備水準を超える流量を、調節池や雨水調整池などによって一時的に貯留し、ピークの洪水が河道から越流することを防ぐ方法である。集中豪雨の継続時間は数時間であることから、それほど多くの貯留容量は必要にならない。また河道の整備などに比べて費用も少なくて済む。河道の拡幅等が難しい市街地の河川の集中豪雨対策として、貯留によるピーク流量のカット方式を、さらに積極的に採り入れていくべきであろう。

⑶ 台地を刻む河川における浸水被害

ｉ）人工構造物で閉塞された河川：天白川

堤防等の人工構造物で下流が閉塞された地域での浸水被害は、東海豪雨においても、名古屋市の北部を流れる新川と南東部の天白川で生じた。このうち新川の浸水域は、新川を中央に左岸側の庄内川と右岸側の五条川にはさまれた地域であり、土地条件は前述した真備町の場合と類似している。

一方の天白川の野並地区も堤防ではさまれた地区であり、最も密集した市街地が形成されている。常襲的に浸水被害を受けてきたこともあって、市街地の浸水対策としても参考になるような、新たな取り組みも散見される。このため、ここでは天白川の被害について考察する。

①降雨の状況

本州付近に停滞した前線に向けて、沖縄付近にあった台風14号の東側を回る暖湿気流が前線に向かって流れ込み、活動が活発になったことから、平成12年９月11～12日にかけて東海地方を中心に記録的な大雨（東海豪雨）になった。

時間降水量（アメダス）は大きい順に、11日19時に東海（愛知）で114mm、名古屋（同）で93.0mm、18時に蟹江（同）で78mm、12日３

時に稲武（同）で70mm、11日22時に宮川（三重）で69mm、12日3時に尾鷲（同）で66.5mm、伊勢長島（同）で64mm、11日23時に豊田（愛知）で61mm、24時に三森山（岐阜）で61mm、12日3時に出来山（愛知）で60mmとなっていて、このほか50mmを超えた降雨をみた地点は愛西（愛知）59mm、粥見（三重）59mm、多治見（岐阜）58mm、一宮（愛知）54mm、鳥羽（三重）51mmであり、豪雨域は三重県南部から愛知県、岐阜県南部が中心になっている。

一方、降雨の継続時間は東海が11日11時から12日の7時まで降り続き、とくに11日19時から21時まで、および24時には50mmを超える降雨が観測されている。名古屋でも11日12時から12日の7時まで降り続き、19時と21時には70mmを超える強い雨が観測されていて、降雨の継続時間は比較的長い。

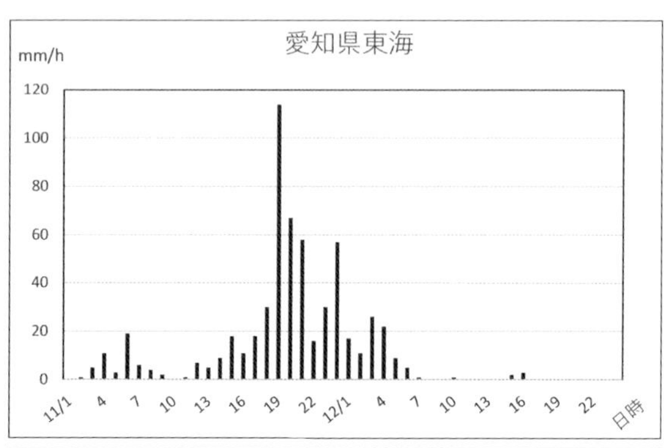

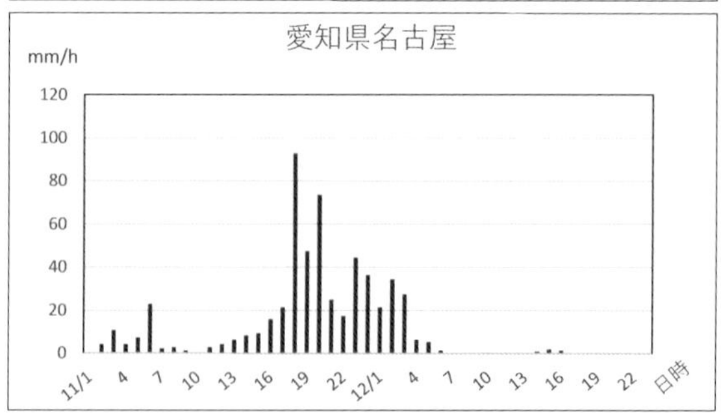

図57　東海豪雨の降水量（平成12年9月11〜12日）

出典：気象庁「過去の気象データ」

②被害の状況

天白川は名古屋市の東部丘陵から平地に出る中小河川であり、左岸の野並地区では浸水深2.7 m に達する被害を受けた。野並地区の浸水地域は、北と西を天白川、南を藤川、東を丘陵によって囲まれた閉塞域に当たる。このうち天白川の堤防は比高が５m 以上、藤川の堤防は４m 以上あり、丘陵の麓部分には標高８m 付近を郷下川が南に流下していて、堤防にはさまれた閉塞地になっている。

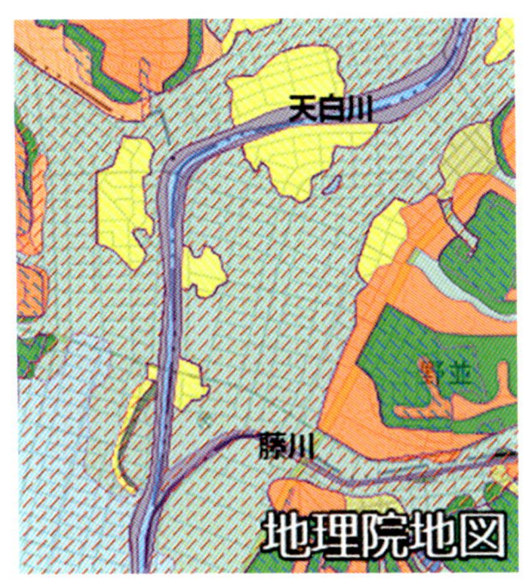

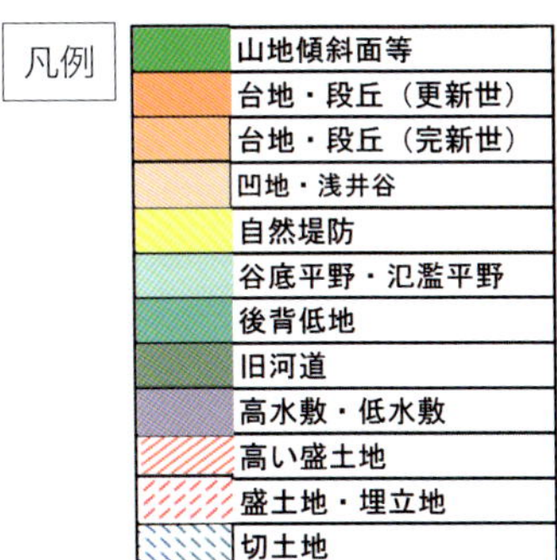

図58　野並地区の地形

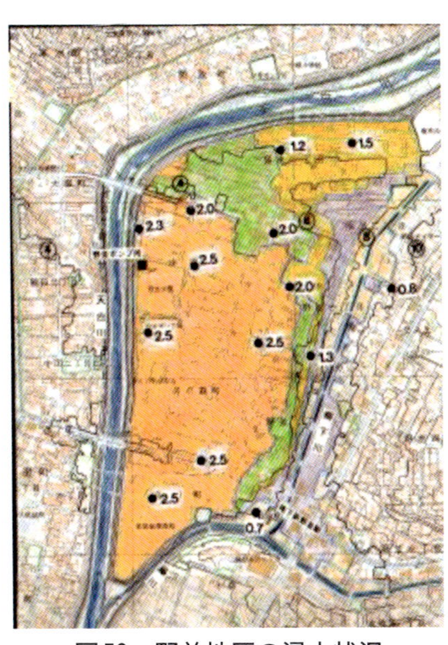

図59　野並地区の浸水状況

出典：佐藤照子「2000年東海豪雨災害における都市型水害被害の特徴について」防災科学技術研究所『主要災害調査』第38号　2002年７月

野並地区では雨が激しくなった夕方から内水による浸水がはじまったが、天白川では11日午後９時20分頃基本計画高水位を1.5ｍ上回る最大水位を記録し、この背水の影響で郷下川や藤川の越水による浸水が起こり、浸水深は最大2.7ｍに達した。

野並地区は常襲的に浸水被害を受けてきたことから、ディーゼル４、電動１の計５台の排水ポンプが整備されていたが、燃料ポンプが冠水したため４台のディーゼルポンプはすべて停止してしまい、稼働し続けたのは電動ポンプ１台のみであった。

ポンプの機能損傷や障害などの非常事態に備えるためには、土地利用面での備えも検討されるべきであり、耐震性に配慮した高床化や人工地盤によって１階部分を非居住用途にするなど、浸水被害を受けやすい下層階の利用のあり方を再検討する必要があろう。現地では１階部分を駐車場とし、２階以上を居住スペースにした集合住宅が散見される。水害の被害軽減に向けた住民の理解も得られやすくなってきていると思われる。

なお、この浸水の影響で、地下鉄名城線平安通駅、桜通線野並駅が冠水し運休した。また鶴舞線も塩釜口駅周辺の浸水等のため、運転が見合わせになった。

ⅱ）暗渠化された河川

①蛇崩川

東京区部の中小河川では、その支川などが暗渠化された河川が多い。例えば石神井川支流の田柄川、不忍池に流入していた谷田川（藍染川）、神田川支流の谷端川（小石川）および桃園川、古川上流の渋谷川や宇田川、目黒川支流の北沢川、烏山川、蛇崩川、さらには立会川上流などである。これらは、現在は緑道などとして整備されているものもあるが、河川であった面影がないものもある。

暗渠化された河川のうち、谷田川や谷端川では昭和60年前後に面的な浸水被害を受けたが、それ以外は、どの河川でも浸水被害が点的に生じた程度であった。

しかし、平成25年7月23日の雷雨で、蛇崩川では増水した雨水によって道路が冠水する被害が発生した。この日の午前中、関東甲信地方では晴れて気温が上昇し、大気の状態が非常に不安定となり、各地で雷雲が発生した。東京都では昼過ぎから雷を伴った雨が降り、夕方から夜の始め頃にかけて激しくなった。東京都の観測（東京都建設局「東京都　平成25年の水害記録」）によると、目黒区を中心に16:30までの1時間に約100mmの雨をみた。60分最大雨量をみると、中央町（目黒区）102mm（総雨量104mm）、東根（同）94mm（同95mm）、碑文谷（同）92mm（同92mm）、荏原（品川区）87mm（同92mm）、宮前（目黒区）87mm（同89mm）、工大橋（同）86mm（同89mm）などとなっていて、極めて短時間の降雨であった。世田谷区でも玉川66mm（同70mm）、上用賀63mm（同67mm）、世田谷61mm（同61mm）などの雨をみた。

（23日9時～24時までの積算雨量）

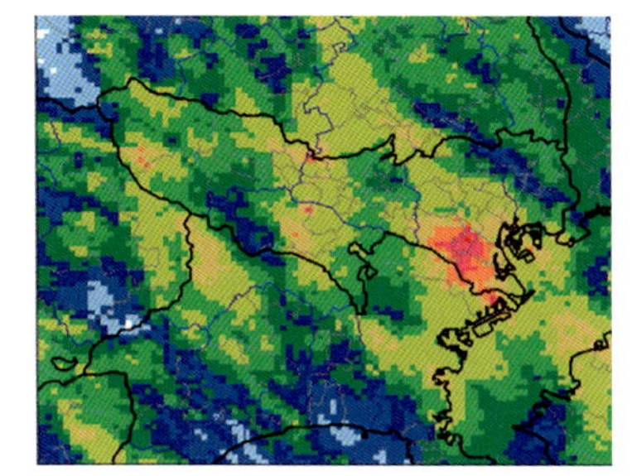

（23日15時30分～16時30分の時間雨量）

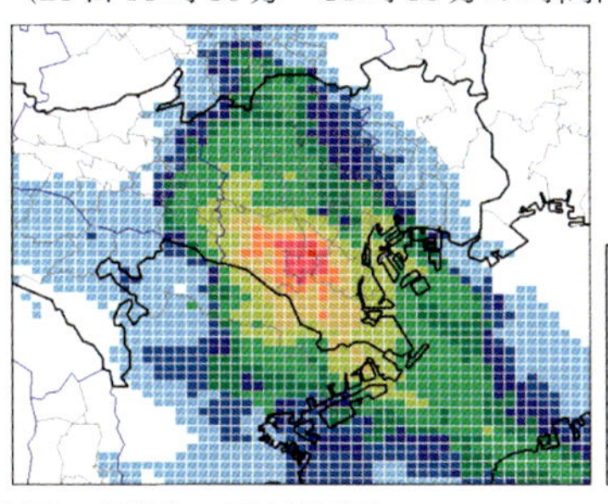

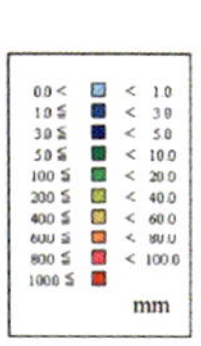

図60　7月23日の雷雨の解析雨量

出典：東京管区気象台「平成25年7月23日の大雨に関する東京都気象速報」平成25年7月24日

この雨で、蛇崩川（現緑道）に並行する道路が冠水し、周辺では住宅や店舗に浸水する事態となった。世田谷区内の蛇崩川流域でみると、床上・床下あわせて53棟（世田谷区水害被害記録）の浸水被害がでた。地下室や地下車庫の浸水は、被害棟数の17％に当たる9棟に上った。土地利用の高度化がすすむ中で、地下空間の被害が増えていく可能性があることを示しているといえる。

図61　鶴巻通りの浸水状況

出典：世田谷区「世田谷区豪雨対策基本方針」平成28年３月

被災地は複数の支谷から雨水が合流する箇所であり、かつ出口が閉塞されて水がはけにくい環境にある。加えて南側は切土地を含めて北に傾斜した緩い斜面になっていて、北に位置する台地の雨水も合わせて、水の集まりやすい条件を有している。このような場所では、冠水被害だけでなく、水が地下に浸入する可能性は免れない。とくに地下車庫などは、車の出入りの妨げになることから、入り口に段差を設けて浸水を防ぐというような物理的な対策は採用しにくい。常時人がいる空間ではないとはいえ、人的被害が起きうる空間であることを考えると、このような地域では地下車庫を含めて地下利用を制限すること、少なくとも浸水の危険性を住民に周知して、非常時には居住者が即座に対応できるように、注意を喚起していく必要がある。

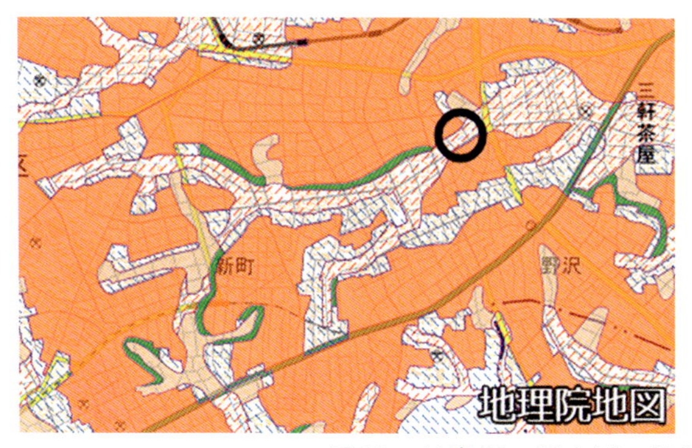

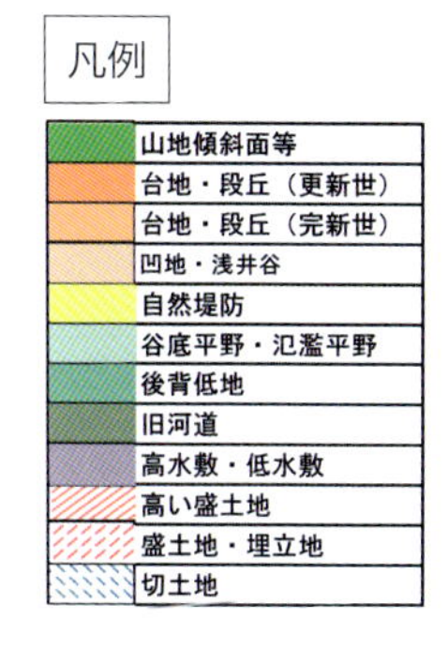

図62　蛇崩川の浸水域の地形

②渋谷川

渋谷川でも雷雨の影響で、地下鉄渋谷駅に通じる地下コンコースに雨水が流入し、膝近くまで湛水した。

平成11年８月29日は、熱帯性低気圧は日本の東海上に去ったものの引き続き大気が不安定で、東京都23区では夕方から雷による豪雨に見舞われ、東京都東南部を中心に激しい雨が降った。東京都の観測によると、60分最大雨量は高浜（19:46〜20:46）で115mm、三田（19:39〜20:39）で101mm、渋谷（19:34〜20:34）と駒場（19:33〜20:33）で99mmを観測した。総雨量は、高浜が125mm、三田と渋谷が102mm、駒場104mm（東京都建設局「東京都　平成11年の水害記録」）であり、非常に短時間の降雨であった。

この雨で60分最大雨量が60mmを超えたのは、上記のほか中央73、品川77、荏原77、中野69、新宿74、江古田79、板橋区68、江東60、辰巳60、上目黒89、目黒94、碑文谷83、東根85、工大橋61、世田谷67、砧60、北沢75、上用賀63、亀島川65（以上単位mm）であり、地域的には区部南西部の狭い範囲の降雨であった。

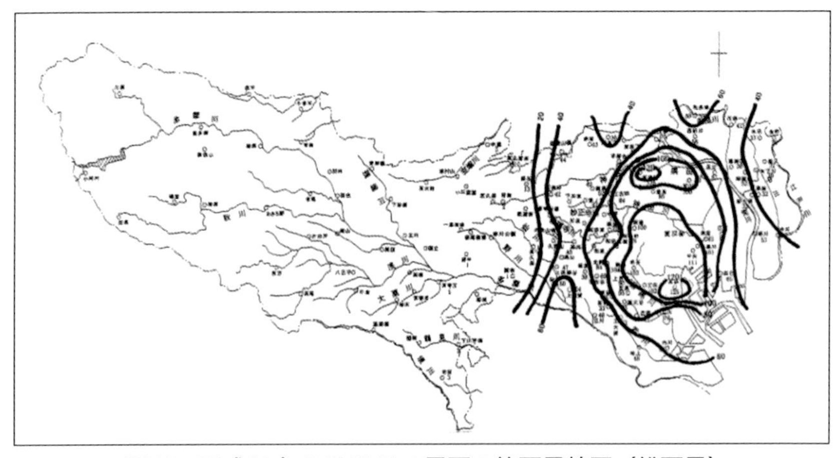

図63　平成11年8月29日の雷雨の等雨量線図（総雨量）

出典：東京都「過去の水害記録」

雨水の流入した地下鉄渋谷駅の出入り口は、渋谷川に宇田川が合流する谷底に位置しており、合流点下流も両側の台地にはさまれた狭い谷になっていて、雨水が集まりやすい地形になっている。すぐ下流の国道246号から先は開渠になるが、それまでの区間は暗渠であり、川の合流点であるとは認識しにくい。

渋谷川に直交する宮益坂から道玄坂にかけては、地下通路が設けられており、付近には地下街もある。浸水対策に細心の注意が必要な地域になっている。現在すすめられている渋谷再開発によって、地下に雨水貯留槽が設けられることになっており、下流の古川を含めた河川の氾濫防止に期待がかけられるが、下水に呑み込めずに地表を流下する雨水が地下街や地下室に流入する恐れは残る。道路面等からの雨水の流入に対する防災体制は今後も必要になる。

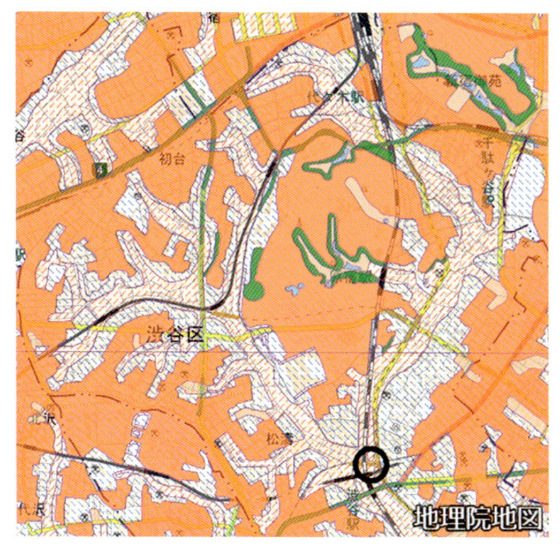

凡例

- 山地傾斜面等
- 台地・段丘（更新世）
- 台地・段丘（完新世）
- 凹地・浅井谷
- 自然堤防
- 谷底平野・氾濫平野
- 後背低地
- 旧河道
- 高水敷・低水敷
- 高い盛土地
- 盛土地・埋立地
- 切土地

図64　渋谷川上流の地形

ⅲ）まとめ

天白川の浸水地域は、藤川との合流点が堤防という人工構造物によって閉塞された構造になっており、これによって浸水深が上昇した。天井川的な河川でこそ遊水機能に配慮した土地利用が必要である。

下流で天白川に合流する扇川では、平成３年９月の台風18号による水害で大規模な越水が発生したが、東海豪雨では総雨量が2.5倍弱であったにもかかわらず、越水被害が生じなかったとされる。その理由として、平成３年以降に行われた潮止堰の撤去、河道掘削、橋梁改築等の河道改修のほか、既存ため池の改築、宅地開発等に伴う調整池の設置、校庭貯留などによる貯留施設の整備が寄与したものとする研究結果がある。

貯留施設は、長時間続く降雨では満杯になり機能が発揮できなくなる恐れがあるが、短時間の降雨ではピークを有効にカットできる可能性が高い。野並地区でもポンプ場敷地内や隣接の野並公園地下に調整池が設けられていたが、河川の流下能力に応じた貯水容量を有していなかったためか、被害が避けられなかった。

時間降水量の記録は、東海、次いで名古屋の順になっているが、東海では19時114 mm、20時67 mm、21時58 mmであり、名古屋では19時93.0 mm、20時47.5 mm、21時73.5 mmとなっていて、河川の流下能力が50～60 mm/hの雨に対応できていたとしても、これを超える1～2時間についての雨量を貯留する容量が必要であったことになる。

野並地区の被災地区の多くは準工業地域に指定されており、工場や物流施設が多く立地している。これらの施設では1階が浸水するダメージは非常に大きいと考えられる。それだけに上流における貯留施設の十分な整備が求められる。

上流における貯留機能の充実に加えて、当該地における遊水機能を確保・回復していくことも必要である。市街地では十全な形態の遊水地は確保し難いが、高床化や人工地盤化を行えば、居住部分への浸水を軽減できるとともに、駐車車両等の被災は免れないとはいえ、一時的に遊水機能を担わせることも可能である。工場等からの住宅への転換などに際しては高床化を図り、土地利用面からも浸水対策をすすめていく必要がある。さらに積極的には、戸建て住宅等を含めて再開発を図り、人工地盤化等による遊水機能の確保、浸水被害の軽減を図ることが求められる。

渋谷川や蛇崩川も、集水域が極めて狭い小河川で、渋谷川は下流の古川（古川は渋谷川の下流部の名称）を含めて流域面積は22.8 km^2、蛇崩川は流域面積45.8 km^{2}の目黒川の一支川に過ぎない。このような小さい河川では、雷雨のような降水域の狭い降雨でも水害が生じる。とくに市街化して屋根面や舗装面が多くなると、雨水が浸透したり途中で滞留・貯留したりすることなく、一挙に下水等に流入することから、呑み込めない雨水は道路を流下することになる。

浸水の発生形態も、表流河川では越流の形を取るため、水位を観察していれば水害の危険性のひっ迫度が判断できるが、水路が暗渠化された河川などでは、下水がマンホールから突然噴き出すような形態を取ることがあり、いつ浸水が起こるか事前には判断しにくく、対応が遅れることが懸念される。天白川のように浸水被害を経験してきた地域とは異なり、河川が暗渠化されていると浸水被害が起きやすい土地であることの認識が薄れる可能性がある。このため土地条件を周知しておく必要があるとともに、降雨についての情報を逐次伝えられる体制の整備が求められる。

⑷ 台地面における浸水被害

ｉ）台地の谷頭

①新宿区西落合

谷頭は谷の始まりに当たる最上流部の凹んだ部分であり、一般には低地とは認識されにくいが、雨水が集中する場所であることから、このような場所でも浸水被害が起きることに留意が必要である。

平成11年７月20日から21日にかけて、前線が日本海から関東や東北南部に停滞し、九州の南海上を弱い熱帯低気圧が北上した。低気圧から前線に向かって流れ込む湿った空気によって大気の状態が不安定になり、東京の練馬区を中心に激しい雷雨に見舞われた。東京都の観測による21日の60分最大雨量は、練馬（15:13〜16:13）131 mm、江古田（15:19〜16:19）で128 mm を観測している（東京都建設局「東京都　平成５年の水害記録」）。一方、総雨量は練馬で151 mm、江古田で146 mm となっていて、非常に短時間の降雨であった。このほか60分最大雨量が60 mm を超えた地点は鷺ノ宮97 mm、高井戸65 mm、板橋区68 mm で、きわめて狭い範囲の降雨でもあった。

周辺のアメダス（地域気象観測所）の記録でも、練馬は16時91 mm（15:30〜16:20の10分ごとの雨量の合計は111.5 mm）であったが、世田谷は17時に30 mm、東京は17時に22 mm、羽田は18時に26 mm、江戸川臨海は18時に15 mm を観測した程度で、強雨域は極めて狭かった。

この雨の影響で新宿区西落合の自宅ビル地下倉庫が浸水して、閉じこめられた１名が死亡した。

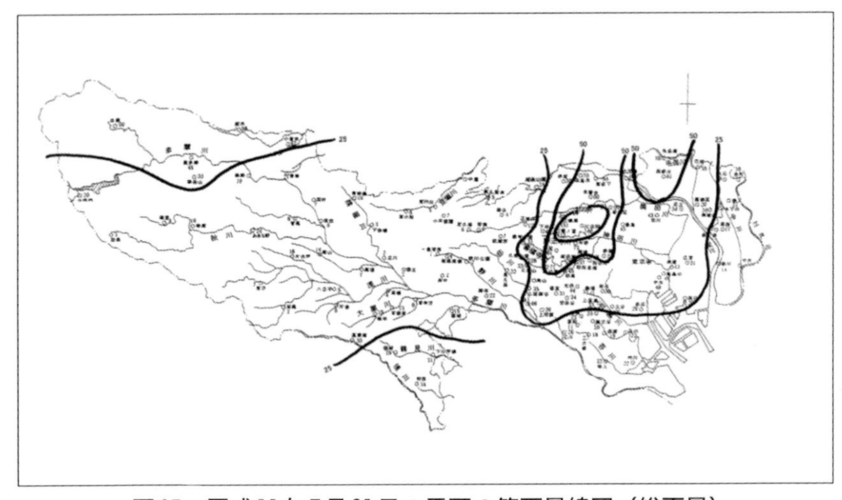

図65　平成11年7月21日の雷雨の等雨量線図（総雨量）

出典：東京都「過去の水害記録」

現地の土地条件は、妙正寺川の支谷に当たっていて、東西の台地にはさまれた、北から南にかけて緩く下る谷型地形になっている。

現場の状況をみると、図67の写真奥から手前に向かって緩い下りの坂になっていて、左の台地に降った雨も含めて、雨水はこの道路に流れてくる。右側は谷に並行する目白通りから下ってくる、短いがやや急な下り坂（図68）になっていて、ここからも雨水が流れ込む。急激な雨は側溝では処理できず、余った雨水は縁石を乗り越えて地下室に浸入したものと考えられる。図67の画面手前も新青梅街道に向かって緩い上り坂になっており、雨水がはけにくい。これらの微細な悪条件が重なって被害が生じたと思われる。

通常は水害が起こるとは思えない場所であっても、豪雨時には被害に見舞われることがあり、地形条件によっては地下の利用を制限したり、注意を喚起するなどの対策が求められよう。

凡例

（緑）	山地傾斜面等
（橙）	台地・段丘（更新世）
（淡橙）	台地・段丘（完新世）
（薄橙）	凹地・浅井谷
（黄）	自然堤防
（淡緑）	谷底平野・氾濫平野
（青緑）	後背低地
（暗緑）	旧河道
（紫）	高水敷・低水敷
（赤斜線）	高い盛土地
（赤破線）	盛土地・埋立地
（青破線）	切土地

図66　妙正寺川浸水地の地形

図67　現場写真（北を臨む）

図68　現場写真（東：目白通り方向を臨む）

②新宿区歌舞伎町

東京都新宿区歌舞伎町でも昭和56年、57年、62年に浸水被害を受けている。この地区は新宿駅の北から早稲田大学方向へ流れていた神田川支川（蟹川）の谷頭に当たっている。

区役所通り交差点付近の地形は、谷底に沿って東西に延びる道路に対して、これに交差する南北の道路（区役所通りなど）が緩く傾斜し、雨水が流れ込んでくる形状になっており、東西の道路自体はこの部分では勾配がほとんどないために、表流してきた雨水が滞留する形になっている。

ここが谷頭であることは、神田川方向に北に向かっていかない限り通常は気づかず、浸水被害が起きる場所とは思えない。現場は繁華街であり、雑居ビルも集積している。地下室を有する建物などに対して、水害が起こりうる場所であることを周知しておく必要がある。

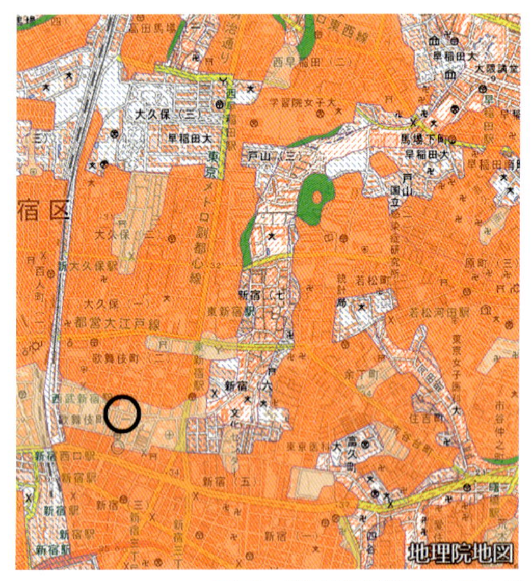

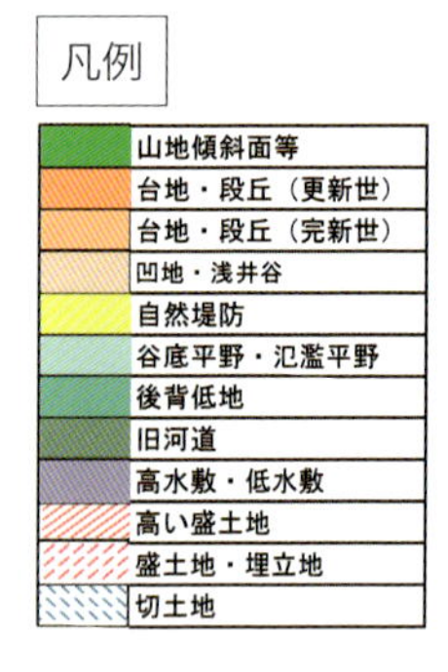

図69　新宿歌舞伎町の浸水地の地形

図70　現場写真（北から新宿区役所方向を見る）
（写真奥および手前から中央の交差点に向かって緩く傾斜している）

ⅱ）台地の平坦面

台地面は一般に浸水被害を受けにくいと考えられているが、２つの台地面によって構成されるという特徴をもつ、名古屋市の中心部における浸水被害について考察する。

①降雨の状況

台風17号から変わった温帯低気圧から、北陸地方に伸びる前線に向かって、南から湿った空気が流れ込んだため、大気の状態が非常に不安定になり、愛知県では平成25年９月４日夕方から夜にかけて雷を伴う非常に激しい雨が降った。

この時の解析雨量をみると、南北方向に並んだ積乱雲からなる線状降水帯が、４日の15時頃から愛知県西部にかかりはじめ、17時に名古屋市、19時に愛知県中部を通過したのち、21時になって強雨域が消滅した。

気象庁の観測記録によると最大1時間降水量は、一宮73.5mm（～16:54）、愛西64.0mm（～15:54）、小原41.0mm（～19:44）、蟹江77.5mm（～16:41）、名古屋55.0mm（～17:52）、豊田46.5mm（～18:54）、大府40.0mm（～17:47）、南知多55.0mm（～17:47）であった。

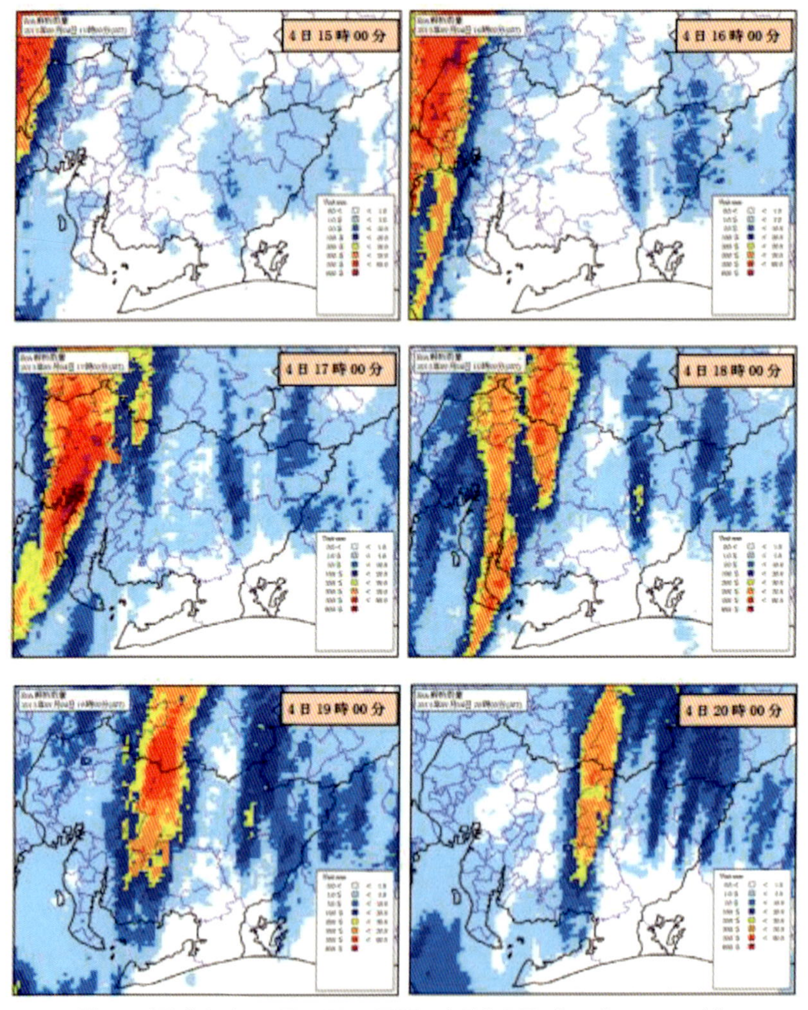

図71　平成25年９月４日の雷雨の解析雨量（15時から20時）

出典：名古屋地方気象台「平成25年９月４日から５日にかけての大雨に関する愛知県気象速報」平成25年９月５日

②浸水の状況

浸水区域を地形条件と照らしてみると、低地と台地がはっきりと区分できる。低地に当たる西区、中村区、中川区では浸水域が一面に広がっている一方で、台地に当たる東区と中区では浸水域は分散的であり、北区を含む低地と台地の境界が明瞭に表れている。

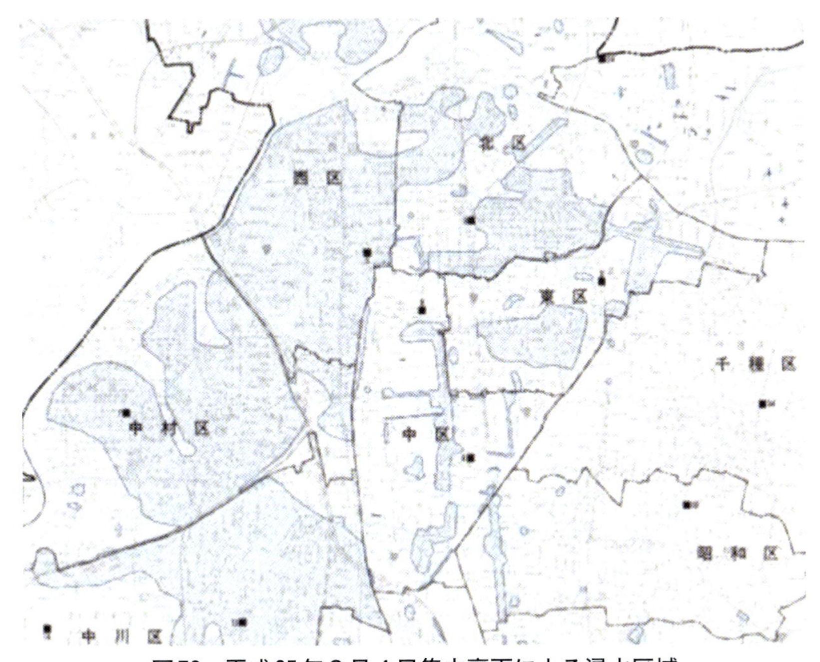

図72　平成25年９月４日集中豪雨による浸水区域

出典：名古屋市「名古屋市浸水実績図（平成25年９月４日集中豪雨）」

東区や中区の東部は、東西を熱田層にはさまれた大曾根層上に当たっている（図73参照）。熱田層は1.7/1000程度の勾配で西南西に低下しており、大曾根層は3/1000程度の勾配で南に傾斜していて、北部では境界が判然としないが、南部に行くに従い境界が明瞭になり、標高差数メートルの崖線がみられるようになる。

熱田層はもとより大曾根層も、このように勾配は緩く、ほぼ平坦な台地面を形成している。このため下水が呑み切れずに（名古屋市の下水道は時間60mm程度の降雨に対応したものになっており、これを超えるような強雨には下水道は対応しきれなかったと思われる）地表に残った雨水は、流れることなく滞留し、広く浸水域が形成されたと考えられる。東区の浸水域は広いものの、床上浸水は４棟（台地面は３棟）であり、これら３棟は黒門町、泉３丁目、芳野１丁目に分散していることからも、浅い浸水が台地面一帯に広がったと考えることができる。

中区の浸水域は久屋大通沿いにみられるが、久屋大通は熱田層と大曾根層の境界に当たり、新堀川の上流になっている。ここでは大曾根面に降った雨に加えて、熱田面からの雨水も加わり、窪地部分に浸水域が発生したと思われる。

通常、台地面は浸水被害を受けにくいと考えられているが、豪雨時には下水が呑み込めずに残った雨水が広がり、平坦面などでは広く浅い浸水域を形成すること、形成過程の異なる台地の接点などでは雨水が集まりやすいため、狭いものの細長い浸水域が発生することがわかる。

図73　名古屋市の地形・地質
出典：土質工学会中部支部「最新名古屋地盤図」（1988年）をもとに加工

iii）まとめ

土地利用の高度化に伴って、地下室や地下駐車場など地下を利用する住宅も多くなっている。住宅の地下室のように床面積が狭い場合は、浸入した水の水位が急速に上昇することが多い。地上への避難路も1箇所に限られている場合が多いと想定され、急激に上昇する水位に対し逃げ場を失う恐れが大きい。水が道路面に沿って流れてくることが多いと考えると、裏側にも階段を設けるなど、複数方向への避難が可能な施設・設備の設置を義務付ける必要がある。

西落合のような事故を起こさないためには、水害の生じる可能性のある地域では地下の利用を規制すべきであり、商業地など既に地下利用がすすんでいる場合でも、防災体制の整備や避難施設・設備の充実が求められる。

東京都などでは長期間にわたる水害履歴図が公表されており、また各地でハザードマップも公表されている。また大都市周辺を中心に土地条件図や治水地形分類図も整備・更新されてきている。これらの情報をもとに、都市計画における地下利用の制限、土地取引や建築確認時における情報提供の義務化、さらには現場での水害危険性の表示などの規制や広報の徹底が検討されるべきであろう。

名古屋市東区のような台地面における水害も、一般には想定しにくいケースである。台地面であることから広い範囲から雨水が集中することがないため、浸水深も浅く、多くが床下浸水であり、被害の程度も深刻なものとはならなかったが、下水道の排水能力を上回る雨が降れば雨水が呑み込めず、浸水域が広がることは十分に予想される。地下室があったとしても浸水域が浅いために急激に水が流入する恐れは低いが、下水道の排水能力を超える雨が降る可能性は高くなっており、地下利用に際しては、気象に対する十分な注意と事前の備えが必要であるといえる。

⑸ 地下空間の被害

ｉ）福岡：御笠川

①浸水の経緯

平成11年６月29日、低気圧と南西に伸びる梅雨前線が九州北部にかかり、活発な雨雲が通過したため、九州北部に激しい雨を降らせた。この雨で福岡市の中心部を流れる御笠川が氾濫し、博多駅周辺では深いところで１m近くまで冠水した。氾濫水は地下鉄や地下街などにも流入し、周辺の地下施設を有するビル182棟のうち、71棟が地下浸水し、１m以上の浸水となったものが29棟、完全水没が10棟に達したという。このうちの１棟で地下階から逃げ遅れた１人が死亡した。

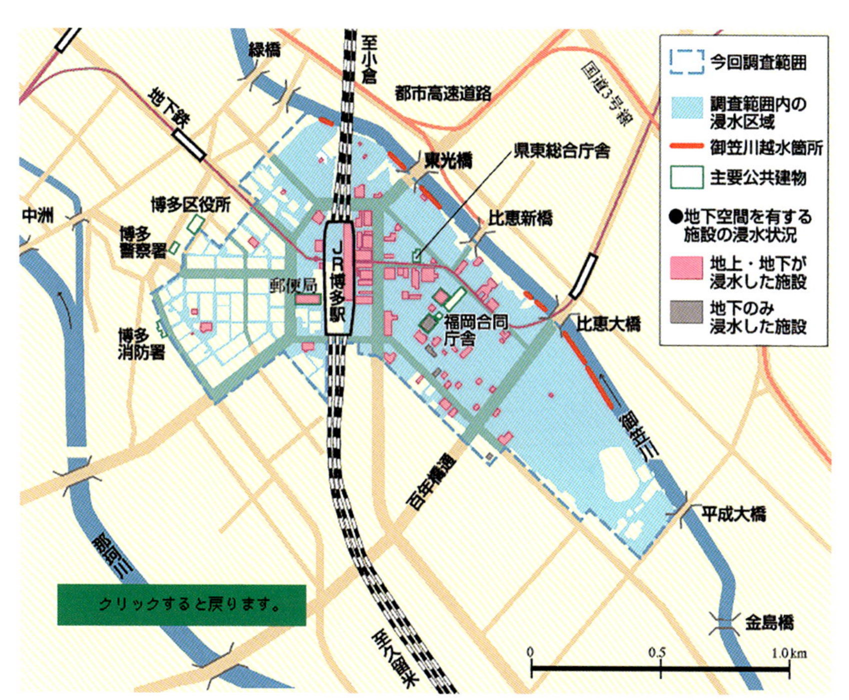

図74　1999年６月末梅雨前線豪雨による博多駅周辺の浸水状況

出典：国土交通省「［検証］1999年の災害　６月末梅雨前線豪雨【REPORT1】福岡県福岡市」

死者がでた福岡第２ビルは地下１階に飲食店や地下駐車場があり、地下に向かう階段や駐車場スロープさらには通気口から大量の水が流入した。地下駐車場の入り口では止水板で浸水防止が試みられたものの、これを越えて雨水が流入し、30分後には停電となった。

アメダスの観測結果では、福岡の降雨は、前日28日の17時から29日７時まで時間0.5〜4.0mm の弱い雨が観測されているが、８時から雨が強まり、８時に34.0mm、９時に77.0mm、10時に15.0mm の雨を観測し、12時にはやんでいる。

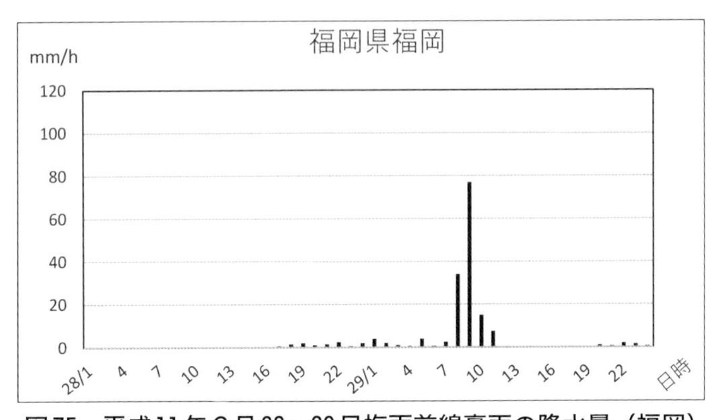

図75　平成11年６月28〜29日梅雨前線豪雨の降水量（福岡）

出典：気象庁「過去の気象データ」

福岡第２ビル周辺で強い雨をみたのは９時頃までで、その時は道路がすね位の深さまで浸水していたが、10時頃にはいったん水位が下がり、その後水位が再び上昇したとされる。御笠川の越水は10時過ぎから11時までの間に起こったといわれ、この越水によって水深が再度上昇して、止水板を越えた水が地下に流入したものと考えられる。水深は11時30分過ぎ頃に最大となり、所によっては道路が１m 近くまで冠水した。

②被害拡大の要因

このように雨が小降りになり、水位も下がりはじめた直後に、越水による洪水が押し寄せたことから、市民の警戒感がいったん薄れた後の被害であったこと、および地下室の水位の上昇が急速であったことが、人身事故を招いたと考えられる。

いったん水位の上昇が収まった後に、再び水位が上昇したために、多くの人が逃げ遅れて救助活動に頼らざるを得なくなった事例は、前記の常総市の水害でも起きている。

内水による水位の上昇と、氾濫水の到達との時間差が、人々の警戒心を一時的に薄れさせ、あるいは避難を躊躇させて被害を拡大させる。これに加えて越水の場合は、水位の上昇が急激であることも深刻な事態を招く要因になる。

一方、地下室の構造が被害を拡大したことも見逃せない。被害者が閉じ込められた原因は、部屋のドアが外開きであり、水圧でドアが開かなかったためと推測されている。

福岡第２ビルにいて幸い避難できた被災者の１人は、地下にいると外の状況はわからない、浸水を知って出口に向かった時には階段が激流で上れず、非常用のはしごを使って脱出したという（「［検証］1999年の災害　６月末梅雨前線豪雨　福岡県福岡市」）。

浸水時でも開けられるドアの構造などのほか、浸水を知らせる非常ベル、避難用はしごの設置など、地下室の構造や設備についての基準や規制を、建築基準法や消防法で定めておく必要があろう。

③地形等の環境条件

福岡市の低地部は、那珂川、御笠川などによって形成された氾濫平野・谷底平野であるが、博多湾の海岸線に沿って広がる砂州・砂丘によって塞がれ、水がたまりやすい地形になっている。

このうち、砂州や砂丘などの微高地では水害はほとんど起こっていない。埋立地も微高地と同じか、それよりも高いレベルに埋立・盛土されているため水害はほとんど起こらない。一方、もとの地盤高に近い氾濫平野・谷底平野は水害が頻発している（国土地理院「1：25,000　土地条件図『福岡』）とされる。

天神や中州、川端などはこの砂州・砂丘上に位置するが、博多駅を含む南東部は氾濫平野に位置しており、御笠川からは博多駅に向けて傾斜し緩く低下しているため、御笠川の氾濫の影響を受けやすい条件をもっている。また福岡で豪雨となった時間帯は博多湾の満潮時刻（９時32分）に当たり、この影響も越流を招く要因であったとする指摘もある。地下空間の利用やその管理に当たっては、土地の条件に十分配慮し、十全の備えを行っておく必要があろう。

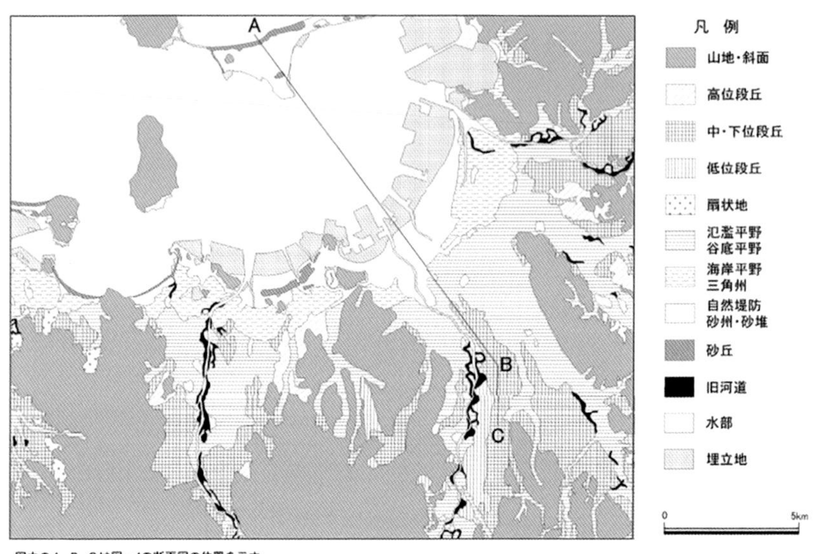

図76　福岡市の地形条件

出典：国土地理院「1：25,000　土地条件図『福岡』」

なお降雨量（アメダス）は、福岡県の篠栗で９時100mm、10時70mm、宗像で９時60mm、飯塚で９時52mm、10時59mm、八幡で10時64mm、南の太宰府で10時77mm、久留米で10時72mm、柳川で10時91mm、佐賀県の和多田で８時82mm、嬉野で９時60mmなどとなっていて、豪雨の降雨域は福岡・佐賀両県であり、いずれも降雨時間は短く、降雨域も広くはなかった。このような雨でも、地下街が広がる市街地では甚大な被害をもたらすことに留意する必要がある。

④発生時間と被害

博多駅周辺では平成15年７月19日明け方にも御笠川が氾濫し、地下街や地下鉄博多駅に雨水が流入した。この時の氾濫は、激甚災害対策特別緊急事業による改修中に豪雨に見舞われたためであり、流入の要因としては、被害の発生が午前５時過ぎであり、早朝であったことから地下出入り口の止水が遅れたことが挙げられている。

対応が遅れた要因としては、福岡で降雨が少なかったことも指摘される。降雨（アメダス）は御笠川上流の太宰府で５時に時間最大になる99mmを観測し、これをはさむ２～６時の５時間で312mmを記録しているが、福岡では時間最大は６時の17.5mmであり、雨が降り始めた前日18日の23時から翌19日の６時までの期間降水量は60.5mmにすぎない。このことが警戒感を薄れさせた可能性がある。

早朝は利用客も少なく被害が起こる可能性は少ないとはいえ、管理が行き届きにくい時間帯や、当該地で雨が降っていない場合でも、地下空間では管理体制を整えておくことが求められているといえる。

ⅱ）京都：御陵駅

平成25年９月15～16日にかけての台風18号の影響で、京都府山科の安祥寺川が暗渠の入り口で氾濫し、16日未明に、これと交差する京阪電鉄京津線の軌道から雨水が流入して、御陵駅に向かうトンネル部が600mにわたって浸水した。御陵駅では地下３階のプラットホーム下50cmまで浸水し、トンネル照明器具やATC現場機器、非常通報・沿線電話などの設備機器や電力用・通信用ケーブルが損傷した。

これにより京都市営地下鉄東西線の復旧は発生４日目の19日となり、21時30分から運行が再開された。京阪京津線の運転再開は、ほかの区間で生じた土砂の堆積被害の復旧作業なども影響し、29日夕方までずれ込んだ。

雨は15日の夕方から降り始め16日の昼にはほぼやんだ。降雨の状況を近傍の京都でみると、時間10mmを超える雨は15日21時から16日５時まで続いたが、20mmを超える雨は１時、２時、４時の３時間であり、最大は16日1時の31.5mmであった。

トンネル内の排水はポンプでの対応が想定されており、斜路からの雨水の流入にも一定の配慮がなされていたが、河川の氾濫水の流入までは想定されておらず、このような結果を招くことになった。斜路からの流水の浸入を防ぐためには、線路を横断する止水板を設けるなどの対策が考えられるが、現実的には不可能であり、せいぜい緊急時に土のうを積むなどの対応しか考えにくい。

河川側の対応としては、暗渠の拡幅が考えられるが、拡幅が可能かは不明である。河川の拡幅等による通水能力の増強は、密集市街地では難しく、一般解とはなりにくい。長時間降雨には向かないものの、頻発する短時間の集中豪雨に対する対策として、上流での調節池の整備が現実的と思われる。

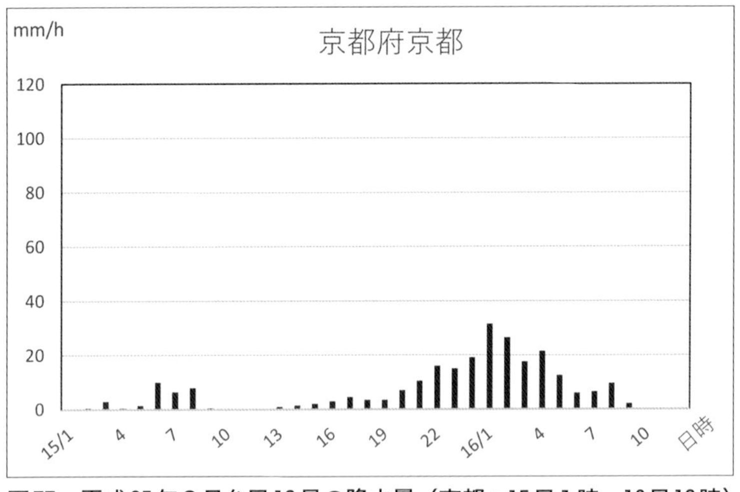

図77　平成25年9月台風18号の降水量（京都：15日1時～16日12時）

出典：気象庁「過去の気象データ」

ⅲ）まとめ

市街地では、地下鉄網の増強、地下街の拡大、地下階を有する建物の増加などにより、地下空間への浸水被害が目立つようになっている。このような中で、地下の利用についての留意点や対策をまとめると以下のような点が指摘できる。

①非常用施設・設備について

開口部からの水の流入を防ぐためには、止水板や土のうを備えておくことが求められる。駐車場はもとより、バリアフリー化が求められている今日では、開口部に段差を設けることは不適切といえるが、それだけに浸水時の対策として止水板や土のうによって水の流入を防止する必要性が高くなっている。また福岡の事例では、地下の通気口から水が浸入した。人や車の出入り口にとどまらず、これらの開口部についても、浸水時に想定される浸水深よりも高い位置に設けることが必要である。

階段では、流下してくる水の流れが速くなると、これに抗して上ることが困難になる。手すりを設けておくほか、非常用のはしごを備えておくことも必要だろう。

また、ドアの構造についても留意が必要である。外開きのドアに限らず、内開きのドアについても、デッドボルトやラッチボルトを開閉するためのサムターンやドアノブが水圧で回せなくなることが知られている。ドアの下部に水が流入できるような開口部分（ガラリなど）を設け、浸水を知らせるとともに、ドアの内外の水位差を少なくして水圧を軽減し、ドアが開けにくくなる事態を少しでも減らすような対策も検討されるべきであろう。

電気設備や配線についても、浸水による停電等が起きないよう、設置の場所の工夫や防水対策が求められる。非常用照明や避難誘導灯についてはことに防水対策が必要になる。防火扉や防火シャッターについても、浸水時に支障が出ないような仕様の設備にしておくことが求められる。

②防災体制・避難体制について

地下を有する建物については、防災体制・避難体制の整備が求められる。前者については、浸水が想定される時点における止水板や土のうの設置、後者については、浸水時の情報伝達・避難誘導等が内容となる。ことにビルの管理体制が手薄になる夜間や早朝の体制について、そのあり方を検討しておくことが求められる。

水害は必ずしも降雨時に起きるとは限らない。上流で破堤等が起こった場合には、当該地の降雨の有無にかかわらず、水害が起こる可能性がある。情報伝達はビル内部のみならず、外部からの情報にも留意して対応を図る必要がある。

③建物の用途について

地下については、できる限り人的被害など甚大な被害が起きない用途に用いることが望ましいが、そのほかにも非常用電源の設置などは避けることが求められる。とくに病院などでは留意が必要になる。

4．むすび ── 浸水被害をなくすために

⑴ 土地利用面での対応

市街地の被災事例は、平成11年以降の浸水被害を対象に取り上げた。地形条件は氾濫平野（福岡：御笠川）、谷底平野（名古屋：天白川、東京：渋谷川、蛇崩川）のほか、台地の低位面（名古屋東区）、同じく窪地（西落合、新宿）のように、一般的には浸水被害を受けにくいとされる台地でも被害が発生していること、および地下の被害が各地で頻発していることが近年の新しい傾向として注目される。

降雨についても、台風からの暖湿空気が前線に吹きこむもの（名古屋：天白川）、前線上にできた低気圧に暖湿空気が吹き込むもの（福岡：御笠川）、熱雷によるもの（東京：渋谷川、蛇崩川）など、タイプが異なる降雨ではあるものの、短時間の集中的な豪雨である点は共通している。

このように、さまざまな降雨によって浸水被害が生じているが、詳細にみれば浸水を受けやすい土地は、狭窄部の河川や盆地の下流、自然堤防帯などと同じように、台地を中心とした平野部でも特定の地形条件を有している場所である場合が多い。河川や下水といった従来からの浸水対策に加えて、地形条件を考慮しつつ土地利用を誘導していくことが、一層重要になっているといえる。

浸水被害を抑止・低減するための土地利用上の対応については、以下のような事項が考えられる。

① 自然堤防帯（とりわけ後背低地）、谷底平野

a 郊外では原則として土地利用を抑制する
とくに河川の合流点など、堤防などの人工構造物によって下流が閉塞された場所での市街化を抑制する

b 市街化が進行中の地域でも、建ぺい率を縮小して多層化を促すとともに、空地（浸透面や貯留面）を確保し、遊水機能を担わせる

c 密集した市街地では、耐震性を確保しつつ1階部分の高床化・人

工地盤化などを行い、居住部分の浸水被害を防ぐ

② 自然堤防帯や谷底平野、台地の窪地など

a 地下空間の利用を制限する（商業地区以外では禁止、許容する場合でも管理体制や防災用・避難用設備・機器の設置の義務化など）

b 地下の利用制限などの強制的な処置ができない場合でも、不動産売買時や確認申請時等に浸水危険性についての情報を提供し、留意を喚起する

③ 暗渠化された河川など

a ハザードマップなどによって、浸水の可能性等についての情報提供を徹底するとともに、地下室の危険性や浸水防止並びに避難のための施設や設備のあり方について周知を図る

地形	土地利用	環境条件	対策
自然堤防帯 谷底平野	郊外	後背低地等	市街化抑制
	市街地	全般	地下空間の利用規制 ▪商業地域以外の地下利用禁止 ▪地下室における防災用・避難用設備・機器の設置
		河川合流点等	空地の確保 ▪建ぺい率の引き下げによる空地の確保 ▪１階の高床化・人工地盤（遊水の許容）
		暗渠河川	情報提供 ▪気象情報についての情報提供 ▪浸水可能性についての情報提供
台地の低位面 窪地	市街地	全般	地下空間の利用規制 ▪商業地域以外の地下利用禁止 ▪地下室における防災用・避難用設備・機器の設置

⑵ 遊水地について

自然堤防帯は氾濫原とも呼ばれ、水害を受けやすい。このうち自然堤防は微高地であるため、内水災害程度では浸水をまぬがれることが多いが、破堤などの外水災害では後背低地はもとより、自然堤防上でも浸水被害が生じる。

外水被害を起こさない、あるいはその範囲を限定するためには、連続する降雨に対しては河道で、短時間の豪雨には遊水地で対応することが望まれる。

遊水地は堤防の破壊等が起こりうる地帯で、特定のエリアを設定し、ここに洪水を誘導し、一時的に氾濫させる土地である。このため氾濫原一帯の浸水頻度を低下させる代わりに、遊水地とされた場所では、浸水の頻度が高まることになる。

このような損害を補償するために、遊水地の土地の確保には、「用地買収方式」のほか「地役権補償方式」がとられる。「地役権設定方式」は平常時は農地等として所有者が利用し、洪水時には遊水地として使用する権利を設定するもので、土砂等の流入が少なく、現状回復が容易な洪水では、土地の有効活用の観点からも好ましい。

しかし、今日のように洪水が激甚化し、土砂や流木が大量に流れ出る状況では、土地所有者の理解が得にくくなる可能性がある。土砂や流木の流入を防ぐ方策として、越流部分に水害防備林を備えた沈砂池を設けるなどの対策が求められる。

大量の土砂や流木の発生は、流域の山地の荒廃が関係していると思われる。間伐の実施など、山林の管理を充実していくことが重要になっている。

あとがき

私が大学院に進学し都市計画を学ぶことになった昭和42年は、区域区分（市街化区域と市街化調整区域の区分：いわゆる線引き）をはじめとする新たな制度を導入した、新都市計画法の改正を翌年に控えた年であった。区域区分の考え方は、恩師である故石田頼房先生の論文が基礎になっていたこともあり、個人的にも関心が高かったが、当時従事した山形市の都市開発基本計画においても、将来の市街地の範囲をどう定めるのかは大きなテーマのひとつであった。市街地の規模は人口予測等に基づいて想定されるものの、その境界を何を根拠にどこに引くかという判断基準はなく、チームのリーダーであった故水口俊典氏（元芝浦工業大学教授）などにとっては悩ましいテーマであったと思われる。

その後、高度経済成長のもと公害問題が一層深刻化する中で、都市開発分野でも自然破壊への関心が高まり、自然環境と調和した開発、あるいは自然条件に準拠した土地利用計画についての模索が、水口氏らによってすすめられた。私自身も広島大学の西条町（現東広島市）への移転に向けた賀茂学園都市建設計画の策定に参加するために、水口氏の所属する都市環境研究所に籍を置くことになり、土壌図を根拠に農地の評価を行った。ただそれは、あくまでも農地としての利用を優先すべき土地を明らかにしたに過ぎず、市街地の適性を判断するものではなかった。

都市環境研究所を離れたのち、宅地開発のアセスメントを行う過程で、松田磐余先生（関東学院大学名誉教授）から地形、とりわけ第4紀の地形についてご教示頂き、市街地の適性を判断する有効な資料（土地条件図）も知ることができた。しかし、その頃は既に高度成長が終焉し安定成長と呼ばれる時代に入っており、宅地をはじめとする土地需要も落ち着いて、地形条件に基づく市街地適性を評価する機会もなく、私自身の関心も薄れていった。

一方、バブル崩壊後の景気回復のための規制緩和が都市計画分野に及んだ1990年代に入ると、住宅地下室の延べ床面積３分の１まで容積率不算入（1994年)、住宅の地下居室可（2000年）など、住宅についても地下利用の規制緩和が行われ、浸水被害に対する懸念、市街地における土地の高度利用のあり方についての憂慮が、頭をかすめるようになった。

1972年には大東水害、1974年には多摩川水害が起こっており、河川管理のあり方が問われる一方で、都市計画的には低地部での土地利用のあり方が現実問題として再提起された災害であった。さらに1982年には長崎大水害が起きて集中豪雨が身近に感じられるとともに、豪雨に対する都市の脆弱さがあらわになった。そのような中で懸念された地下街における死亡事故が1999年に福岡で発生し、さらに住宅でも地下室での死亡事故が発生した。

地下室の事故は自己責任であるという主張もあろう。現にハザードマップも整備されており、その判断材料も提供されているともいえる。ではなぜ治水事業をするのであろうか。河川が未整備のままであれば、水害常襲地にあえて住むことは少ないだろうし、住む場合にはそれなりの備えをして住むことが、過去には行われてきた。あえて地下室に住むなどということは考えもしなかったであろう。

さらに加えれば、堤防等で閉塞された地域に築堤前（嵩上げ前でも良い）から住んでいた住民にとっては、堤防の築堤（嵩上げ）以前に経験した既往浸水以上の被害は、河川管理者が負うべきものであるという論理も成り立つ。結局、ハザードマップというような情報提供で済む問題ではなく、河川改修も土地利用規制と連動したものでなくてはならないことになる。

都市計画、例えば土地利用計画は土地資源の最も有効な活用の仕方を示す指針であるといえる。さらに広く都市計画は文化も含めて最適な生活環境を構築するための方針であると考える。そのような観点からすれば、資本の自由や個人の自由は一定程度制限されてしかるべきであろう。もとより制限や規制は、その根拠がはっきり示され、市民の納得を得たものでなくてはならない。

都市計画が真に市民の生活環境の向上に役立つものとなり、市民により身近で不可欠なものにするために、都市計画関係者の奮闘を期待しつつ、都市計画の再興を願う次第である。

平成最後の春、雨期を迎える前に

鈴木誠一郎

鈴木　誠一郎（すずき　せいいちろう）

1967年　東京農工大学農学部農業生産工学科卒業
1969年　東京都立大学大学院工学研究科建築学専攻修士課程修了
1971年　同博士課程中退
1971～2004年　三菱総合研究所
（1973～1975年）都市環境研究所
2005～2008年　太陽コンサルタンツ
2008年～　NTCコンサルタンツ

水害（浸水被害）はどこで発生するのか、どうすればよいか

2019年12月15日　初版第1刷発行

著　者　鈴木誠一郎
発行者　中田典昭
発行所　東京図書出版
発売元　株式会社 リフレ出版
〒113-0021　東京都文京区本駒込 3-10-4
電話（03)3823-9171　FAX 0120-41-8080
印　刷　株式会社 ブレイン

ISBN978-4-86641-271-9 C0051
Printed in Japan 2019

ご意見、ご感想をお寄せ下さい。

［宛先］〒113-0021　東京都文京区本駒込 3-10-4
東京図書出版